AF308275

Sabrina Zaggl

Die bunte Welt der Goldhamster

Das Fachbuch über Genetik, Zucht und Alltag

Zeichnungen: **Sabrina Zaggl**

Cover: **Sabrina Zaggl**

Fotografien:

Sabrina Zaggl (Sabsis-Hamster), Gabriele Stroh (Tinka's Teddyhamster), Nicole Könitzer (Hamsterzucht von Sweetness), Saadet Akar (Hamsterzucht Vulpes), Susanne Zielske (Hamsterzucht Niljos), Jessica Weiße (Hamsterzucht-Kelaino)

Verlag: tredition GmbH, Hamburg

ISBN

Paperback 978-3-7439-5074-0

Hardcover 978-3-7439-5075-7

Printed in Germany

Inhaltsverzeichnis

1. <u>Vorwort</u>

Leider gibt es kaum fachkompetente Literatur für Goldhamster-Züchter, weshalb ich mich zur Verfassung dieses Buches entschieden habe. Dieses Buch ist aber auch an alle Goldhamster-Halter und Goldhamster-Liebhaber gerichtet. Genetik und Vererbung sind im Gegensatz zu herkömmlichen Hamsterfachbüchern der Schwerpunkt in diesem Buch. Zucht und Aufzucht werden sehr detailliert beschrieben. Zusätzlich beinhaltet das Buch meine eigenen Erfahrungen, welche ich bisher mit Goldhamstern als Haustier und in der Zucht sammeln konnte.

Nun, wie genau kam es dazu, dass ich dieses Buch geschrieben habe? Ich bin mit der Haltung von verschiedenen Haustieren groß geworden, wodurch sich eine ausgeprägte Tierliebe entwickelt hat. Meinen ersten Goldhamster bekam ich mit etwa 8 Jahren. Es war ein Teddyhamstermann namens "Pumli". Ich war schon damals sehr fasziniert von meinem neuen Haustier und bin trotz meines jungen Alters sehr verantwortungsvoll mit dem Tier umgegangen. Mein Leben wurde ab diesem Moment immer wieder von einem Goldhamster begleitet. Da die Begeisterung für diese Tiere nie nach lies, entwickelte sich bei mir ein immer stärkerer Wunsch nach einer Hamsterzucht. Ich wollte es auch anderen Menschen ermöglichen gesunde und zahme Hamster mit gutem Charakter direkt von einem artgerechten Züchter erwerben zu können. Zudem faszinierten mich schon immer die verschiedenen Farbschläge der Hamster. Anhand des Internets, verschiedenen Fachbüchern und netten Züchtern habe ich mir über die Zucht und Genetik der Hamster viel Wissen angeeignet.
Die Basis zur Vererbungslehre hatte ich mir zuvor in der Schulzeit und in meiner Freizeit angeeignet.

Meine Hamsterzucht sollte natürlich nur mit Hamstern aus guten Zuchten und mit Stammbaum starten:
Mein erstes Zuchtmännchen Merlin (Hamsterzucht Niljos) und meine erste Zuchtdame Daisy (Hamsterzucht Vulpes) ermöglichten mir 2011 als Stammtiere den Start meiner Zucht "Sabsis-Hamster".

Anmerkungen:
Mit (Gold)Hamster ist in diesem Buch immer der syrische Goldhamster
gemeint.
Hinter den Abbildungen ist in den Klammern die jeweilige Farbbezeichnung der
Hamster angegeben; eine Erklärung erfolgt in Kapitel 5. Die Bildquelle ist in
eckigen Klammern angegeben.

Abbildung 1: Niljos´ Merlin (Cream Ba Ds Lh)

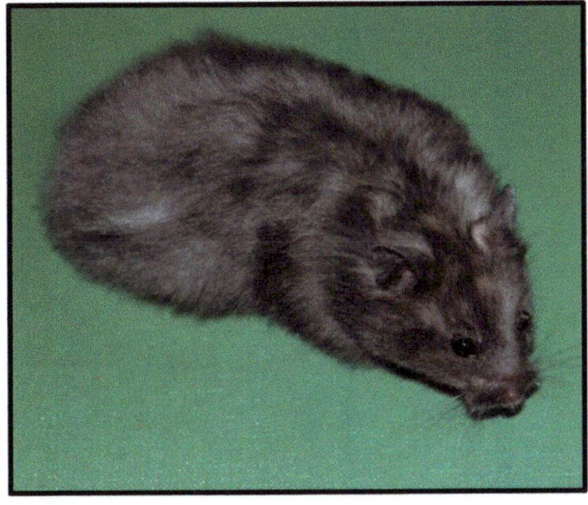

Abbildung 2: Daisy of Vulpes (Black tts Lh)

2. <u>Die Geschichte des Goldhamsters</u>

Hamstern bedeutet umgangssprachlich so viel wie Horten. Diese Eigenschaft haben alle Hamster gemeinsam. Um in ihrer Heimat überleben zu können, müssen Hamster für die nahrungsarmen Zeiten einen Futtervorrat sammeln. Mit den Backentaschen kann die Nahrung gesammelt und transportiert werden.

Abbildung 3:"Hamstern"(RE Cream Satin)

Abbildung 4: Backentaschen befüllen (Golden Ba tts)

2.1. <u>**Der wildlebende Goldhamster**</u>

Es gibt verschiedene Hamsterarten. Fünf Arten sind als Haustiere verbreitet: Chinesischer Streifenhamster, Campell Zwerghamster, Roborowski Zwerghamster, Dschungarischer Zwerghamster und der syrische Goldhamster.

In Deutschland ist nur der Feldhamster beheimatet. Diese Art wird aufgrund ihrer hohen Aggressivität jedoch nicht als Haustier gehalten und gehört zu den geschützten Tierarten. Dieser erreicht eine Kopf-Rumpf-Länge von bis zu 34 cm bei einem Gewicht von bis zu 650 Gramm.

Die systematische Einteilung des syrischen Goldhamsters sieht folgendermaßen aus:

Ordnung:	Nagetiere (Rodentia)
Unterordnung:	Mäuseverwandte (Myomorpha)
Familie:	Wühler (Cricetidae)
Unterfamilie:	Hamster (Cricetinae)
Gattung:	Mittelhamster (Mesocricetus)
Art:	**Syrischer Goldhamster** (Mesocricetus auratus)

Der wildlebende Goldhamster erreicht ausgewachsen ein Gewicht von 80-150g. Männchen bleiben in der Regel etwas kleiner als Weibchen. Die Kopf-Rumpf-Länge beträgt 120-165mm und die Schwanzlänge 13-15mm. Der Hamster hat schwarze Knopfaugen und dunkelgraue Ohren. Das Fell auf der Oberseite ist rotbraun. Unterhalb der Ohren hat der Hamster seitlich schwarze Backenstreifen. Der Bauch ist elfenbeinfarbig mit einem braunen Bruststreifen. Das Unterfell ist grau. Diese Farbe gibt es unter den heutigen Haustieren noch oft zu sehen. Die Farbe wird als "Golden" bezeichnet (Abbildung 26; Seite 47)

Der syrische Goldhamster ist freilebend in der Grenzregion von Syrien und der Türkei zu finden. Sein Hauptverbreitungsgebiet ist die Hochebene von Aleppo im Norden Syriens.

Die Tiere bewohnen dort vorwiegend bebaute Äcker und werden daher als Schädlinge angesehen und durch Fang und Vergiftung bekämpft. Der Goldhamster gilt in seiner Heimat als gefährdet. Aufgrund der Zerstörung seines Lebensraumes durch den Menschen ist sein Bestand rückläufig.

Goldhamster sind absolute Einzelgänger und leben unter der Erde in einem Bau, bestehend aus mehreren Kammern. Bestandteil sind eine Vorratskammer, eine Schlaf-und Nistkammer und eine Toilettenkammer. In der Sommerzeit muss der Hamster sich einen Wintervorrat anlegen. Bei der Nahrungssuche legt das Tier teilweise sehr weite Strecken zurück. Der Hamster ist nachtaktiv und kann so der Tageshitze in seiner Heimat ausweichen.

Die Winter in der Heimat der Goldhamster sind kalt und werden von den Hamstern verschlafen. Ab einer gewissen Temperatur fällt der Hamster in den Winterschlaf. Körpertemperatur und Körperfunktionen werden dann auf ein Minimum herabgesetzt. Zwischendurch erwachen die Hamster immer mal wieder um etwas von ihrem Wintervorrat zu fressen.

Hamster in der Heimtierhaltung benötigen aufgrund der gleichbleibend warmen Temperaturen keinen Winterschlaf. Wenn die Raumtemperatur unter 10 Grad Celsius sinkt kann es passieren, dass ein Hamster in den Winterschlaf fällt. Ein im Winterschlaf ruhender Hamster zeigt kaum Lebenszeichen und kann daher leicht für tot gehalten werden. Falls dies passieren sollte, muss das Tier sehr langsam und schonend geweckt werden.

2.2. <u>Wie der Goldhamster zum Haustier wurde</u>

Die Beschreibung und Klassifizierung des syrischen Goldhamsters erfolgte 1839 durch den britischen Zoologen George Waterhouse. Er präsentierte den Schädel und das Fell eines Goldhamsters aus Syrien in einem Treffen der zoologischen Gesellschaft von London. Noch heute sind diese Überreste im Natural History Museum in London zu sehen.

1880 brachte James Henry Skeene die erste Gruppe Goldhamster nach Edinburgh, Schottland. Leider starb diese Gruppe nach ca. 30 Jahren aus unbekanntem Grund aus.

Im Jahre 1930 entdeckte Professor Aharoni eine Goldhamsterfamilie in der Nähe von Aleppo in Syrien. Neun Hamsterjungtiere konnten zur Hebrew Universität in Jerusalem mitgenommen werden. Vier Tiere dieser Gruppe überlebten. Die Weiterzucht mit diesen Tieren war sehr erfolgreich. Alle als Haustier gehaltenen Goldhamster sollen von diesen vier Tieren abstammen. Es gibt jedoch auch Berichte über weitere wenige Tiere, welche aus der Wildnis importiert worden seien sollen.

Nachkommen der Stammtiere von Aharoni wurden ab 1931 weltweit verbreitet. Mitte der 50ziger Jahre ist der Goldhamster als Labortier sehr bekannt. Im Laufe der Zeit schaffte es der Goldhamster zu einem beliebten Haustier zu werden.

Heute zählt der Goldhamster zu einem der bekanntesten Haustiere, wird aber leider auch noch als Labortier eingesetzt.

3. <u>Anatomie</u>

Im folgenden Kapitel werden die wichtigsten anatomischen Eigenschaften der Goldhamster beschrieben.

<u>Allgemeines:</u>

Goldhamster haben eine Lebenserwartung von etwa 1,5 -2,5 Jahre. Natürlich gibt es auch Hamster welche älter werden und leider versterben auch einige Hamster bereits vor dem Erreichen von 1,5 Jahren.

Weibchen sind generell eher kräftiger und schwerer gebaut als Männchen. Weibchen erreichen in der Regel ein Gewicht von 140-180g und Männchen 110-170g. Es gibt aber auch leichtere und schwerere Tiere, die trotzdem gesund sind. Ein gesunder Hamster ist nicht fett oder mager sondern leicht rundlich mit erkennbarer Taille. Durch die gezielte Zucht sind viele Tiere mittlerweile schwerer und kräftiger gebaut, sodass Tiere über 200g keine Seltenheit mehr sind.

Die Geschlechtsreife tritt bei Hamstern schon mit etwa 4 Wochen ein.

<u>Zähne:</u>

Hamster haben 16 Zähne. Vier große Schneidezähne und 12 Backenzähne. Ab einem Alter von etwa 16 Tagen verfärben sich die Zähne durch ein Pigment im Zahnschmelz orange-gelb. Mit zunehmenden Alter werden die Zähne dunkler. Die Schneidezähne wachsen ein Leben lang und werden durch Nagen immer wieder abgetragen. Wenn die Zähne nicht ausreichend abgenutzt werden, können die Zähne sehr lang werden und müssen dann abgeschnitten werden, weil der Hamster sonst irgendwann nicht mehr fressen kann. Bei solchen Problemen sollte immer der Tierarzt konsultiert werden. Holz eignet sich sehr gut zum Abtragen der Zähne. Die Backenzähne wachsen nicht nach.

Backentaschen:

Die Backentaschen sind charakteristisch für alle Hamster. Diese werden zum Sammeln und Transportieren von Nahrung und Nistmaterial benutzt. Die Backentaschen haben eine Öffnung zum Maul hin und sind im hinteren Teil des Maules durch eine Haut vom Maul getrennt. Sie können sich vom Kopf bis fast zur Taille dehnen.

Abbildung 5: volle Backentaschen (Black tts) [Vulpes]

Augen:

Hamster sind kurzsichtig. Daher können sie Entfernungen schwer abschätzen und sehen nur das Nahe gut. Dafür haben Hamster eine gute Rundumsicht. Hamster können weniger Farben wahrnehmen als wir Menschen. Die Augen sind sehr lichtempfindlich und daher können die Tiere im Dunkeln wesentlich besser sehen als wir.

Ohren:

Hamster hören sehr gut und können sogar Geräusche im Ultraschallbereich wahrnehmen.

Nase:

Hamster riechen sehr gut. Sie können daher sofort Artgenossen wahrnehmen und den Besitzer am Geruch erkennen.

<u>**Vibrissen (Tast-/Schnurrhaare):**</u>

Mit den Vibrissen können Hamster die Umgebung bei völliger Dunkelheit ertasten. Sie zeigen dem Tier Hindernisse und ob es hindurchpasst. Bei Rex-Hamstern sind die Vibrissen gekräuselt (Seite 90; Abbildung 139).

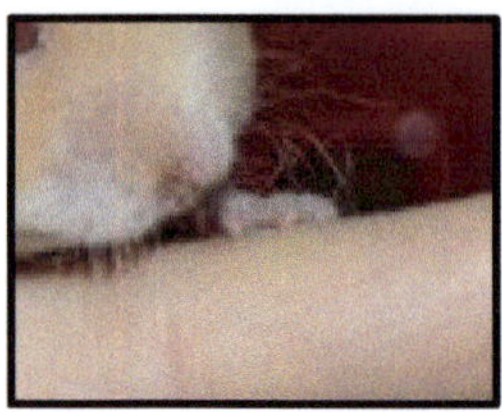

Abbildung 6: gekräuselte Vibrissen [Vulpes]

<u>**Flankendrüsen:**</u>

An den Flanken haben Goldhamster beidseitig die sogenannten Flankendrüsen. Diese sind schwarz und erinnern im Aussehen an kleine Geschwüre, weshalb ein unwissender Hamsterbesitzer erschrecken kann. Bei den Drüsen handelt es sich um Talgdrüsen. Diese dienen zur Reviermarkierung.

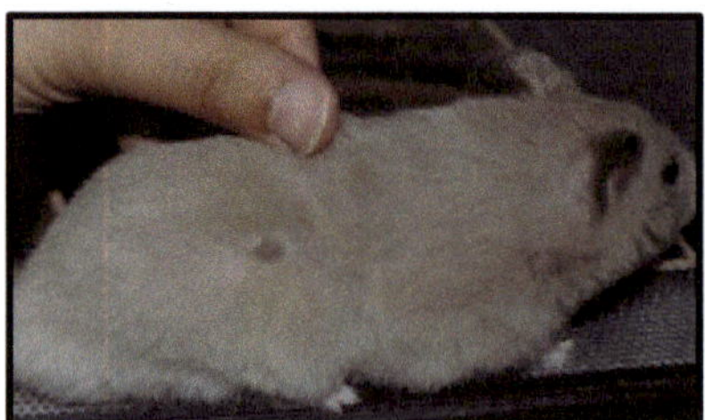

Abbildung 7: Flankendrüse [Vulpes]

4. Grundlagen der Vererbung

Um Goldhamster professionell und verantwortungsvoll züchten zu können ist es notwendig die Vorgänge der Vererbung zu kennen und zu verstehen. Im folgenden Kapitel werden diese Vorgänge vereinfacht dargestellt und erklärt.

4.1. Erbanlagen

Die Zelle ist die kleinste lebende Einheit aller lebenden Organismen. Einzeller, wie z.B. die meisten Bakterien und einige Pilze, sind Lebewesen, die aus einer einzigen Zelle bestehen. Im Gegensatz dazu stehen Vielzeller, wie z.B. alle Säugetiere, welche aus mehreren Zellen und verschiedenen Zelltypen aufgebaut sind.

Jede Zelle eines Säugetieres enthält einen Zellkern, in welchem sich die gesamte Erbinformation (Genom) des Lebewesens befindet. Die Erbinformation besteht aus DNA-Molekülen welche im Normalfall entspiralisiert als Chromatin im Zellkern liegen.

In Abbildung 8 ist eine vereinfachte Körperzelle dargestellt mit Zellwand, Zellplasma, Zellkern, Kernmembran, Zentriol und DNA im Zellkern.

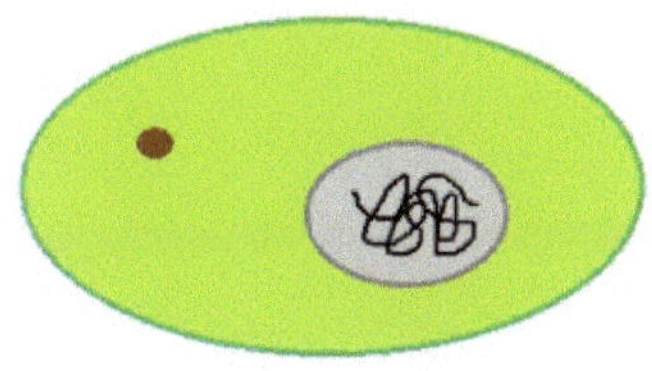

Abbildung 8: vereinfachte Körperzelle

Während eines bestimmten Zeitpunkts des Zellzyklus verdichtet sich die DNA im Zellkern und einzelne Chromosomen werden sichtbar. Jedes Lebewesen besitzt mehrere Chromosomen. Jedes Chromosom besteht aus einem DNA-Molekül. Ein DNA Molekül ist eine Nukleinsäure. Diese besteht aus einzelnen Nukleotiden, die sich aus einem Phosphat, dem Zucker Desoxyribose und einer organischen Base zusammensetzen.

Die räumliche Struktur einer DNA ist eine Doppelhelix. Die einzelnen DNA-Stränge werden durch Wasserstoffbrücken zwischen den jeweils komplementären Basen zusammengehalten. Die komplementären Basenpaare sind Adenin und Thymin (A - T) und Cytosin und Guanin (C - G).

Ein Chromosom besteht aus zwei identischen Schwester-Chromatiden, welche mittig durch das Zentromer verbunden sind.

Auf jedem Chromosom befinden sich bestimmte Erbinformationen, die sogenannten Gene (in Abbildung 9 dargestellt als schwarze Streifen). Ein Gen ist ein DNA-Abschnitt. Jedes Gen liegt immer auf einem genau definiertem Ort (Locus) eines bestimmten Chromosoms.

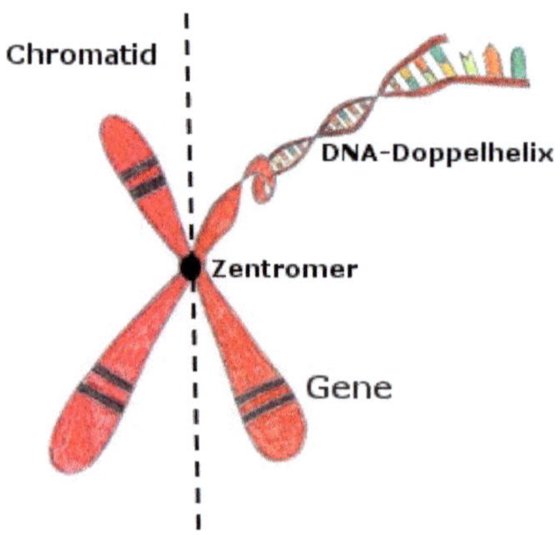

Abbildung 9: Chromosom

Jedes Gen ist für ein bestimmtes Merkmal im Körper zuständig. Die Zustandsform eines Gens wird Allel genannt. Ein Allel definiert wie ein Merkmal ausgebildet wird. Allele stellen also Varianten eines Gens dar. Die Allele eines Gens unterscheiden sich in der Abfolge der Nukleotiden.

Körperzellen haben einen diploiden Chromosomensatz, d.h. jedes Chromosom gibt es doppelt (homologe Chromosomen). Eines der homologen Chromosomen wurde von der Mutter auf den Nachkommen vererbt, das andere vom Vater. Die Chromosomen tragen also dieselben Gene auf denselben Loci aber deren Zustandsform (Allel) kann unterschiedlich sein. Einfach gesagt: Pro Gen trägt der Hamster zwei Allele. Zwei Allele (immer abgekürzt als Buchstaben) definieren immer die Ausprägung eines Gens. Also ein Buchstabenpaar steht für ein Gen.

Als Beispiel: Das Gen für die Fellfarbe Rust hat zwei mögliche Allele (Ausbildungsformen). Allel **b** (=Rust; mutiertes Allel): Ausbildung des Merkmals Rust, d.h. das Pigment Eumelanin wird zu braun (Kapitel 5). Allel **B** (=Nicht Rust): keine Ausbildung des Merkmals Rust, das Pigment wird "normal" (normal heißt immer wie bei der unmutierten Wildform) ausgebildet.

Es gibt verschiedene Gene, welche die Fellfarbe der Hamster beeinflussen (Kapitel 5). Diese liegen auf verschiedenen Loci und bewirken verschiedene Veränderungen an der Pigmentbildung.

Abbildung 10 zeigt die homologen Chromosomenpaare von Muttertier und Vatertier. Die Chromosomen tragen das Gen für die Ausprägung der Haarlänge.

Das Muttertier (rosa Chromosomen) trägt auf beiden homologen Chromosomen das Allel für Kurzhaar L, das Vatertier (blaue Chromosomen) auf beiden homologen Chromosomen das Allel für Langhaar l (= Nicht Kurzhaar; mutiertes Allel).

Der Nachkomme bekommt ein Chromosom von der Mutter und eines vom Vater und trägt somit auf dem homologen Chromosomenpaar unterschiedliche Allele (L und l). Welches der beiden homologen Chromosomen jeweils an den Nachkommen weitergegeben wird ist ein Zufall und wird in diesem Kapitel noch genauer erklärt.

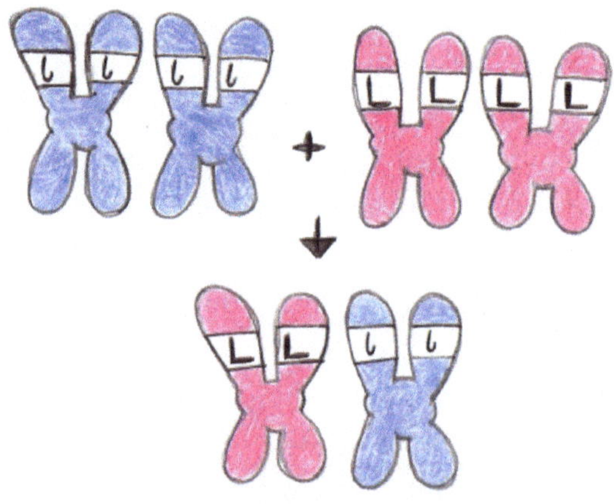

Abbildung 10: Vererbung Haarlänge

Die Anzahl der Chromosomen in einem Zellkern von verschiedenen Lebewesen unterscheiden sich. Diese bestehen jeweils aus Körperchromosomen und einem Paar Geschlechtschromosomen. Menschen besitzen 46 Chromosomen, Hunde 78, Katzen 38 und Goldhamster 44. Von den 44 Chromosomen des Hamsters sind 42 Körperchromosomen (= 21 homologe Chromosomenpaare) und 2 Geschlechtschromosomen. Die Geschlechtschromosomen stellen eine Ausnahme dar und sind nicht homolog. Weibliche Lebewesen besitzen zwei X-Chromosomen, männliche Lebewesen ein X- und ein Y-Chromosom. Das X-Chromosom ist wesentlich größer und trägt mehr Gene.

Abbildung 11 zeigt einen Ausschnitt eines Chromosomensatzes mit Geschlechtschromosomen für weibliche und männliche Lebewesen. Die rosafarbenen Chromosomen wurden von der Mutter vererbt, die blauen vom Vater.

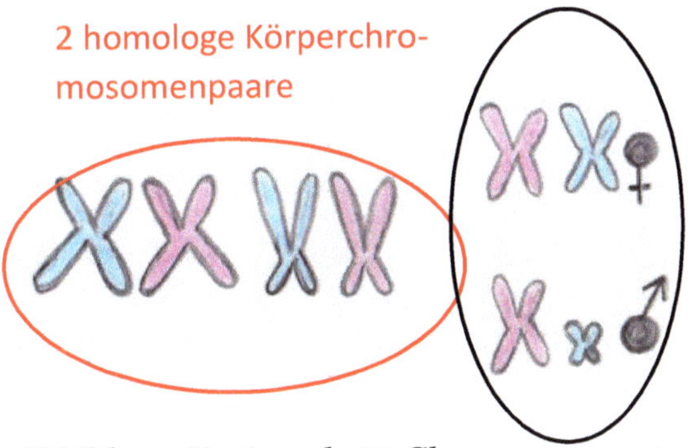

Abbildung 11: Ausschnitt Chromosomensatz

4.2. <u>**Zellvermehrung (Mitose)**</u>

Als Mitose wird die Zellvermehrung bezeichnet. Dieser Vorgang ist zum Wachstum, der Regeneration von Verletzungen und dem Austausch alter Zellen nötig und findet kontinuierlich im Körper statt. Aus einer Zelle entstehen in einem mehrphasigen Zyklus zwei identische Tochterzellen. Im Normalzustand vor der Mitose liegt die DNA entspiralisiert im Zellkern vor. Die DNA enthält zu diesem Zeitpunkt jeweils nur ein Chromatid von jedem Chromosom, also nur ein halbes Chromosom. Der Mitosezyklus durchläuft folgende Phasen:

Interphase: Die Phase zwischen zwei Mitosen. Die Zelle wächst und sowohl die DNA als auch das Zentriol verdoppeln sich. Es bildet sich also jeweils die zweite Schwesterchromatide. Orange und schwarze DNA stellen die identische, verdoppelte DNA dar.

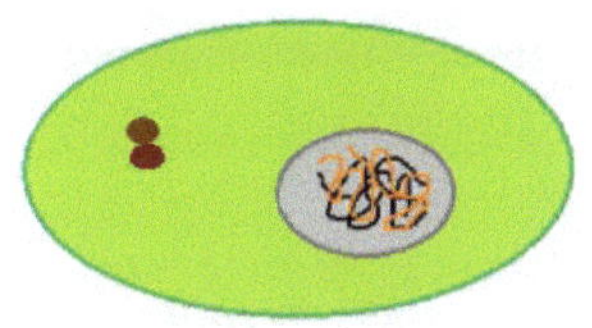

Abbildung 12: Interphase

Prophase: Es bilden sich Chromosomen. Die Kernmembrane zerfällt. Die Zentriolen wandern zu den Zellpolen und bilden den Spindelapparat aus. Zwischen den Zentriolen bilden sich Spindelfasern.

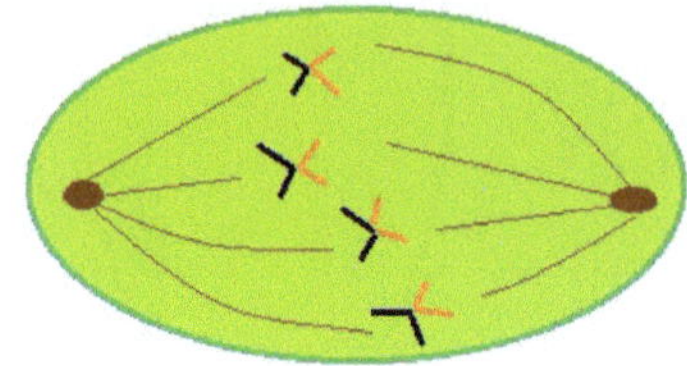

Abbildung 13: Prophase

Metapahase: Die Chromosomen ordnen sich in Äquatorialebene an. Die Spindelfasern setzen an den Zentromeren der Chromosomen an.

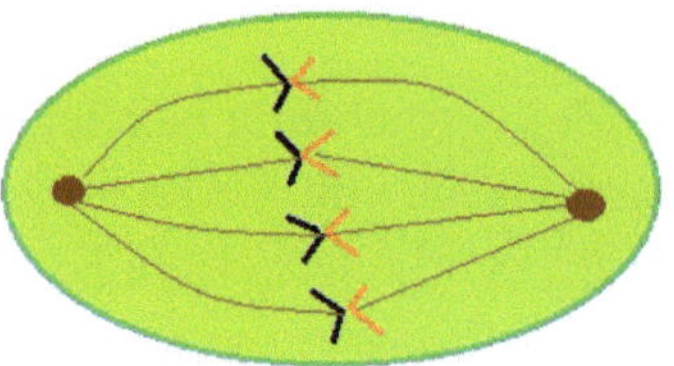

Abbildung 14: Metaphase

Anaphase: Die Spindelfasern trennen die Schwester-Chromatiden an den Zentromeren und ziehen diese zu den entgegengesetzten Polen. Am Ende der Phase befindet sich an jedem Pol eine Schwester-Chromatide.

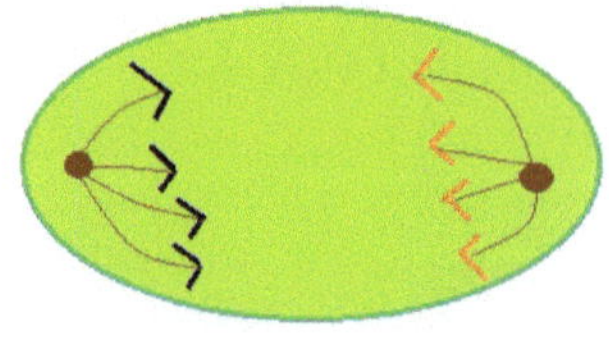

Abbildung 15: Anaphase

Telophase: Die Ein-Chromatid-Chromosomen beginnen sich wieder zu entspiralisieren. Die Zelle trennt sich in der Mitte. Die Kernmembran bildet sich wieder. Es entstehen zwei identische Tochterzellen.

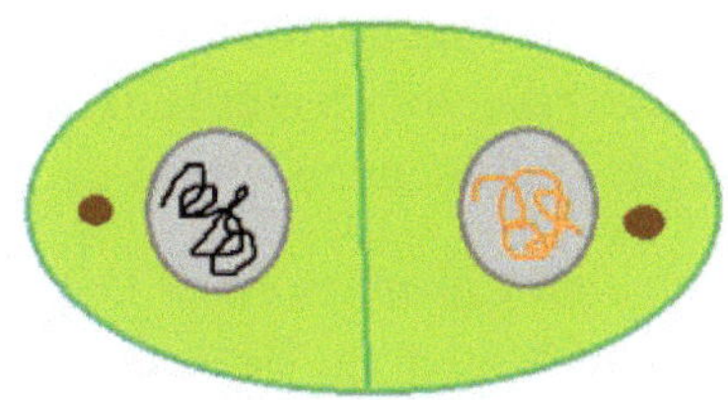

Abbildung 16: Telophase

4.3. <u>**Geschlechtliche Vermehrung (Meiose)**</u>

Als Meiose wird der Vorgang der Keimzellenbildung bezeichnet. Dieser ist zur geschlechtlichen Vermehrung nötig. Bei der Befruchtung verschmilzt eine männliche Keimzelle (Spermazelle) mit einer weiblichen Keimzelle (Eizelle), wodurch sich die Chromosomensätze beider Eltern vereinen. Für diesen Vorgang muss im Voraus eine Halbierung der Chromosomensätze erfolgen, damit sich der Chromosomensatz nicht mit jeder Generation verdoppelt.

Die Meiose findet ausschließlich in den Hoden bzw. in den Eierstöcken statt.

Die Meiose besteht aus zwei Teilungen: Reduktionsteilung (Meiose 1) und Reifeteilung (Meiose 2), wobei jede Teilung in mehreren Schritten abläuft. Wie bei der Mitose kommt es zunächst in der Interphase zu einer Verdoppelung der Ein-Chromatid-Chromosomen zu Zwei-Chromatid-Chromosomen.

<u>**Reduktionsteilung (Meiose 1):**</u>

In dieser Phase werden die homologen Chromosomenpaare getrennt und eine Zelle mit haploiden Chromosomensatz wird gebildet. Eine Rekombination zwischen den homologen Chromosomen erfolgt. Bei den homologen Chromosomen sind die vom Vater stammenden Chromosomen blau, die von der Mutter stammenden rosa dargestellt.

Prophase 1: Es bilden sich Chromosomen. Die homologen Chromosomenpaare lagern sich aneinander an. Bei dieser Anlagerung kann es zum Austausch von Erbinformationen (Crossing-over; Abbildung 23, Seite 27) zwischen den homologen Chromosomenpaaren kommen. Die Kernmembrane zerfällt. Die Zentralkörperchen (Zentriolen) wandern zu den Zellpolen und bilden den Spindelapparat aus. Zwischen den Zentriolen bilden sich Spindelfasern.

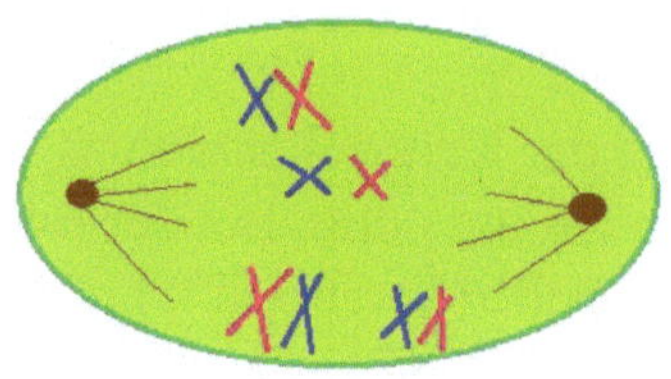

Abbildung 17: Prophase 1

Metaphase 1: Die Chromosomen ordnen sich in Äquatorialebene an. Die Spindelfasern setzen an den Zentromeren der Chromosomen an.

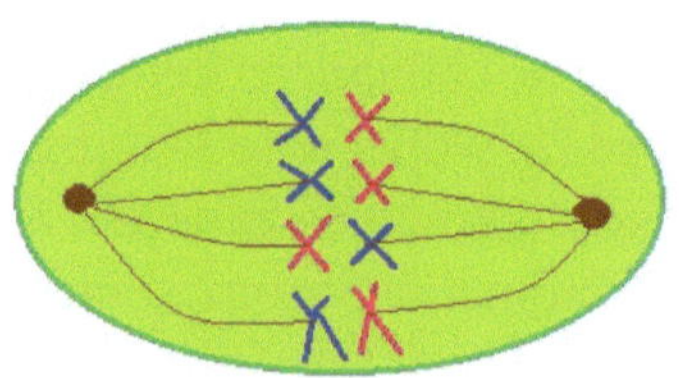

Abbildung 18: Metaphase 1

Anaphase 1: Die homologen Chromosomenpaare werden getrennt. Hierbei entscheidet die zufällige Anordnung in den vorhergehenden Phasen welches der homologen Chromosomen auf welche Seite gezogen wird. So entsteht eine individuelle Zusammensetzung des elterlichen Erbguts.

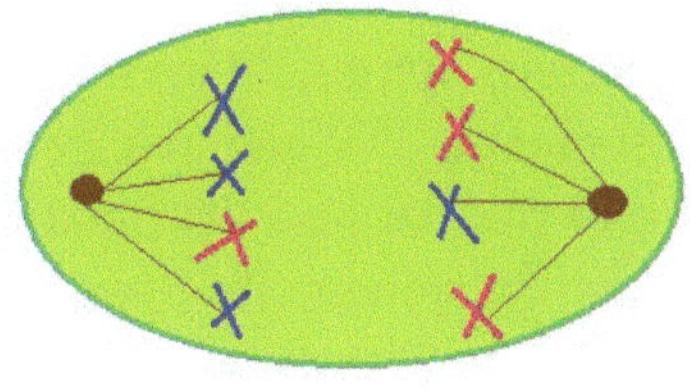

Abbildung 19: Anaphase 1

Telophase 1: Die Zelle trennt sich in der Mitte. Kernmembran und Kernkörperchen bilden sich wieder. Es bilden sich zwei Zellen mit haploidem (einfachem) Chromosomensatz.

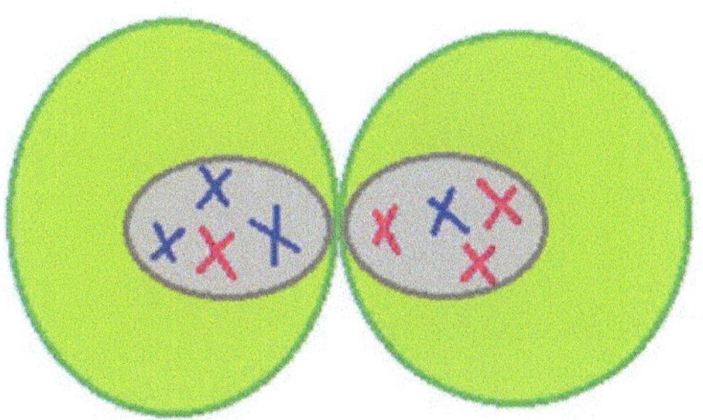

Abbildung 20: Telophase 1

Äquationsteilung (Meiose 2):

Diese Phase läuft wie die Mitose ab, geht jedoch von einem haploiden Chromosomensatz aus. Demnach gliedert sich der Vorgang in:

Prophase 2, Metaphase 2, Anaphase 2 und Telophase 2

Am Ende sind vier Keimzellen mit haploidem (einfachem) Chromosomensatz entstanden.

Das Ergebnis der Meiose unterscheidet sich bei männlichen und weiblichen Keimzellen.

Bei den weiblichen Zellen reift nur eine der vier entstandenen Keimzellen zur fruchtbaren Eizelle heran. Die anderen Zellen bleiben als verkümmerte Richtungskörper (rot dargestellt) funktionslos und sterben ab. Bei männlichen Keimzellen entstehen vier Spermazellen. Zwei tragen ein X-Chromosom (rosa Schwanz) und zwei ein Y-Chromosom (blauer Schwanz). Welches Geschlecht der Nachkomme erhält ist davon abhängig welche Spermazelle die Eizelle befruchtet. Eine Eizelle trägt immer ein X-Chromosom.

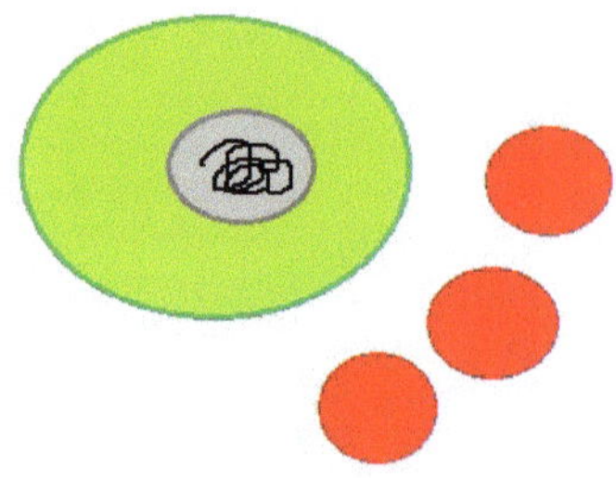

Abbildung 21: weibliche Keimzelle

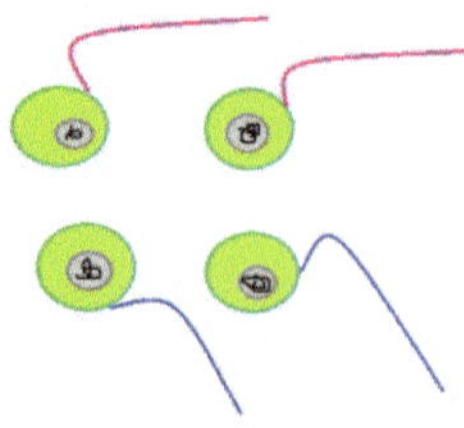

Abbildung 22: männliche Keimzellen

Durch die zufällige Durchmischung des Erbgutes können sich Keimzellen mit äußert vielen unterschiedlichen Merkmalskombinationen bilden. Zusätzlich kann in der Prophase 1 der Meiose ein Austausch von Erbinformationen (= Crossing over) jeweils zwischen zwei homologen Chromosomen stattfinden. Gleiche Gene wechseln hierbei die Chromosomen.

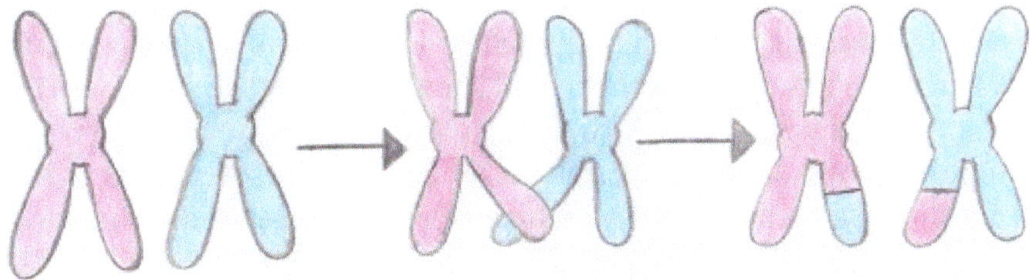

Abbildung 23: Crossing over

Ein Crossing over sorgt für eine weitere Vielfalt. Zwischen den Geschlechtschromosomen X und Y kann aufgrund des Größenunterschieds kein Crossing over erfolgen.

Nach der Befruchtung entsteht durch den Vorgang der Mitose ein neues Lebewesen aus den verschmolzenen Keimzellen.

4.4. <u>**Vererbung und Evolution**</u>

Das äußere Erscheinungsbild eines Lebewesens wird als Phänotyp bezeichnet, die genetische Ausstattung als Genotyp. Nicht alle Erbinformationen die ein Lebewesen besitzt zeigen sich nach außen hin. Diese können jedoch trotzdem an die Nachkommen weitergegeben werden.

Wie bereits erläutert, gibt es jedes Chromosom (und somit jedes Gen) im Körper doppelt (eines kommt vom Vater, das andere von der Mutter). Die Ausprägung der Gene (Allele) auf den homologen Chromosomen kann sich daher unterscheiden. Welchen Phänotyp ein bestimmter Genotyp verursacht liegt an der Vererbungsart.

4.4.1. <u>Mutationen</u>

Eine Mutation ist eigentlich ein Fehler der bei der Vererbung entstehen kann und stellt eine dauerhafte und irreversible Veränderung der DNA dar. Eine Mutation ist jedoch nicht unbedingt negativ. Mutationen sind für die Evolution und die Entstehung neuer Rassen zwingend notwendig. So sind alle Farb- und Fellvarianten des Goldhamsters, die von der Naturform abweichen, durch Mutationen entstanden. Durch selektive Zucht können gewünschte Mutationen stabilisiert werden. Für das Tier nachteilige Mutationen würden in der Natur von alleine wieder verschwinden. In menschlicher Obhut können diese gezielt weitervermehrt werden. So ist z.B. eine helle Fellfarbe für einen wildlebenden Goldhamster von Nachteil und diese Tiere könnten sich nicht dauerhaft vermehren. Diese Mutation würde sich daher in der Natur nicht verbreiten. Nur Mutationen, welche für das Tier von Vorteil sind, können sich in der Wildnis selbständig verbreiten und festigen.

Mutationen treten meist spontan als Fehler bei der Keimzellenbildung auf, können jedoch auch durch äußere Einflüsse wie z.B. Chemikalien oder Strahlung in Keim- oder Körperzellen ausgelöst werden.

Zunächst betrifft die Mutation nur das Erbgut einer Zelle. Erfolgt die Mutation in einer Keimzelle, kann die Mutation an die Nachkommen weitervererbt werden. Mutationen in Körperzellen (somatische Mutation) können nicht weitervererbt werden aber z.B. Krankheiten wie Krebs auslösen.

4.4.2. <u>Symbolsprache der Vererbung</u>

Um die Erbvorgänge verständlicher zu machen, wurde von den Genetikern Roy Robinson, Patricia Turner und Don H.Shaw die Symbolsprache der Genetik entwickelt.

Wie bereits erwähnt, besitzt ein Lebewesen jedes Gen doppelt. Die Ausprägung des Merkmals, also das Allel, kann sich jedoch unterscheiden.

Jedes Gen wird mit einem Buchstabenpaar angegeben. Allele von Genen können u.a. dominant oder rezessiv sein. Dominante Allele werden immer mit Großbuchstaben dargestellt, rezessive Allele mit Kleinbuchstaben. Das dominante Allel setzt sich in seiner Merkmalsausprägung durch und unterdrückt das rezessive Allel. Große Buchstaben werden immer vor kleine Buchstaben gestellt.

Beispiel: Haarlänge = Buchstabe l (Mutation = l longhair)

Kurzhaar = L (Wildform, das Allel bewirkt keine Ausbildung von langen Haaren)

Langhaar (Teddyhamster)= l (Mutation, das Allel bewirkt eine Verlängerung der Haare)

LL = Kurzhaarhamster = reinerbig (homozygot)

Ll= Kurzhaarhamster = mischerbig (heterozygot)

ll= Teddyhamster = reinerbig (homozygot)

Wenn unbekannt ist ob das Tier reinerbig oder mischerbig ist, wird anstelle des Buchstaben ein Gedankenstrich an die zweite Stelle geschrieben. Der Phänotyp eines Kurzhaarhamsters unterscheidet sich nicht wenn dieser im Genotyp LL oder Ll ist. Daher wird zunächst L- geschrieben. Erst durch eine gezielte Verpaarung kann das zweite Allel bekannt werden.

Da Lebewesen mehrere Gene besitzen, werden die Gene nach alphabetischer Reihenfolge im "Gencode" aufgelistet. Bei Hamstern werden Gene, wen beide Allele der Wildform entsprechen, im Normalfall nicht angegeben. Ist es sicher, dass der Hamster im Genotyp LL ist, wird das Buchstabenpaar im Gencode nicht angegeben.

Immer wenn eine Mutation (mutiertes Allel) nicht ausgebildet wird, wird das unmutiertes Allel (Wildform) des Gens ausgebildet.

4.4.3. <u>Dominant-rezessive Vererbung</u>

Bei dieser Form der Vererbung gibt es dominante und rezessive Allele eines Gens. Das dominante Allel setzt sich gegenüber dem rezessiven Allel in seiner Merkmalsausbildung durch. Rezessive Allele werden erst dann sichtbar wenn sie doppelt, also auf beiden homologen Chromosomen, vorliegen.

Beispiel:

Das Allel A (Nicht Black = Golden) ist dominant gegenüber dem rezessiven Allel a (Black). Ein Hamster welcher auf einem Chromosom das Allel A und auf dem anderen Chromosom das Allel a trägt (Genotyp Aa), unterscheidet sich optisch nicht von einem Hamster der auf beiden Chromosomen das Allel A trägt (Genotyp AA): Beide Tiere sind Golden! Das Allel A unterdrückt die Merkmalsausprägung des Allels a vollständig. Die Hamster unterscheiden sich daher nicht im Phänotyp, jedoch aber im Genotyp. Diese Tatsache kann durch eine gezielte Verpaarung sichtbar werden - muss aber nicht! Zufällig könnten aus der Verpaarung von Mutter (Aa=Golden) und Vater (aa=Black) auch nur Hamster in Golden fallen (Der Genotyp wäre Aa). Es wäre also falsch daraus zu schließen, dass die Mutter im Genotyp AA ist. Werden allerdings zwei Tiere in Golden verpaart und es fallen Hamster in Black (aa) ist es sicher, dass beide Tiere den Genotypen Aa haben.

Die dominante-rezessive Vererbung kommt bei Goldhamstern am häufigsten vor. Bei dominant-rezessiven Erbvorgängen wird immer nur eines der beiden Merkmale nach außen hin sichtbar. Rezessive Merkmale werden nur dann sichtbar, wenn der Hamster das Allel doppelt trägt. Beispiel: Trägt der Hamster aa ist er nicht Golden sondern das Merkmal Black wird ausgebildet.

4.4.4. <u>Intermediäre Vererbung</u>

Bei intermediären Erbvorgängen mischen sich die Merkmalsausprägungen der verschiedenen Allele miteinander.

Die Allele eines intermediären Erbgangs mischen sich nicht immer gleich stark. Diese können auch semi-dominant oder semi-rezessiv sein. Ein semi-dominantes Allel ist stärker sichtbar als ein semi-rezessives Allel. Das semi-dominante Allel wird groß geschrieben, das semi-rezessive-Allel wird klein geschrieben.

Bekannt für diesen Erbgang ist bei Hamstern bisher nur Silver Grey.

Das Allel Sg (Silver Grey) ist semi-dominant gegenüber dem Allel sg (Nicht Silver Grey). Das Aussehen eines Hamsters der das Allel Sg nur auf einem Chromosom trägt unterscheidet sich von einem Hamster der das Allel Sg auf beiden Chromosomen trägt. Das semi-dominante Allel Sg kann das semi-rezessive Allel sg nicht vollständig unterdrücken. Deshalb haben Hamster, die das Allel Sg nur einfach tragen (Sgsg), einen leichten Cream/Braunstich im Fell, während Hamster die das Allel Sg doppelt tragen (SgSg) rein graues Fell haben.

4.4.5. <u>Geschlechtsgebundene Vererbung</u>

Wie in diesem Kapitel bereits erläutert worden ist, besitzen weibliche Lebewesen zwei X-Chromosomen und männliche ein X- und ein Y-

Chromosom. Bei einer geschlechtsgebundenen Vererbung liegen die Gene, welche für die Ausbildung des Merkmals verantwortlich sind, auf einem der Geschlechtschromosomen.

Das X-Chromosom ist wesentlich größer als das Y-Chromosom und trägt daher mehr Erbinformationen. Um zu verhindern, dass weibliche Lebewesen mehr Erbinformationen als männliche besitzen, wird bei weiblichen Lebewesen eines der X-Chromosomen inaktiviert. Welches der beiden X-Chromosomen inaktiviert wird entscheidet sich zufällig in einer frühen Phase der Entwicklung und kann nicht mehr rückgängig gemacht werden. Die Inaktivierung der wenigen Zellen wird beim Wachstum des Lebewesens durch Mitose für weitere Zellen kopiert.

Da weibliche Lebewesen zwei X-Chromosomen besitzen kann eine Erbkrankheit, wenn sich diese nur auf einem X-Chromosom befindet, durch eine gezielte Inaktivierung umgangen werden. Bei Defekten/Krankheiten wird immer das betroffene X-Chromosom inaktiviert. Bei einem Weibchen müssten also für den Ausbruch der Krankheit beide X-Chromosomen die Erbkrankheit tragen. Männchen besitzen nur ein X-Chromosom, weshalb die Krankheit ausbricht sobald das X-Chromosom die Erbkrankheit trägt. Daher gibt es bestimmte Erbkrankheiten von welchen männliche Lebewesen häufiger betroffen sind als weibliche.

Das bekannteste Beispiel einer geschlechtsgebundenen Vererbung im Tierreich stellen die Glückskatzen (Torties/Schildpatt) dar. Glückskater gibt es nicht (es sei denn bei dem Tier liegt ein seltener genetischer Defekt vor, da es mindestens zwei, anstelle von einem X-Chromosom besitzen müsste). Einige Menschen denken es gäbe nur männliche rote Kater. Diese Tatsache stimmt nicht. Es gibt auch rote Kätzinnen. Es mag aber durchaus sein, dass es mehr rote Kater als rote Kätzinnen gibt, was anhand des Vererbungsvorgangs logisch erscheint.

Wie bei Katzen ist der Vererbungsvorgang für Torties auch bei Goldhamstern geschlechtsgebunden. Das verantwortliche Gen befindet sich auf dem X-Chromosom. Das Gen, welches für dieses Phänomen sorgt, wird bei Goldhamstern als "Yellow" bezeichnet. Männliche Tiere sind immer Yellow (ToY) oder "Nicht Yellow" (toY), weibliche Tiere sind

entweder Yellow (ToTo), "Nicht Yellow"(toto) oder „Torties" (Toto).
Ein Tortie, häufig als tts-Hamster bezeichnet, ist demnach "Yellow" und
"Nicht Yellow "gleichzeitig, wodurch ein Fleckenmuster (tts-Zeich-
nung/Schildpattmuster) aus Yellow-farbenen Bereichen (To) und "Nicht
Yellow-farbenen" Bereichen (to) entsteht. Das Allel To (Yellow) ist do-
minant gegenüber dem Allel to (Nicht Yellow). Demnach müssen alle X-
Chromosomen das Allel To tragen damit das Tier Yellow ist. Beim
Weibchen sind dies zwei, beim Männchen ein X-Chromosom.

Abbildung 24 verdeutlicht die Entstehung des individuellen Schildpatt-
musters (tts-Zeichnung). Im Beispiel verschmelzen eine Eizelle, welche
auf dem X-Chromosom das Allel To (Yellow) trägt, und eine Spermazelle, welche auf dem X-Chromosom das Allel to (Nicht Yellow) trägt.
Somit besitzt der entstandene Hamster den Gencode Toto. In einer frühen Phase der Entwicklung des Tieres wird bei den wenigen existierenden Zellen nun zufällig jeweils eines der beiden X-Chromosomen inaktiviert. In jeder Zelle ist also nur noch eines der beiden Allele aktiv. Diese
Zellen vermehren sich durch Mitose weiter bis letztendlich ein fertiger
Hamster mit einem individuellen Scheckenmuster entstanden ist. Die
Farbe Yellow (To) wird als Fleckenfarbe bezeichnet, die Farbe "Nicht
Yellow" (to) als Grundfarbe.

An den orangen Stellen ist das X-Chromosom mit dem Allel To aktiv,
wodurch das Merkmal Yellow ausgebildet wird. An den schwarzen Stellen ist das X-Chromosom mit dem Allel to aktiv, wodurch das Merkmal
Yellow nicht ausgebildet wird und die Grundfarbe des Hamsters sichtbar
wird. Im Beispiel ist die Grundfarbe des Tieres Black.

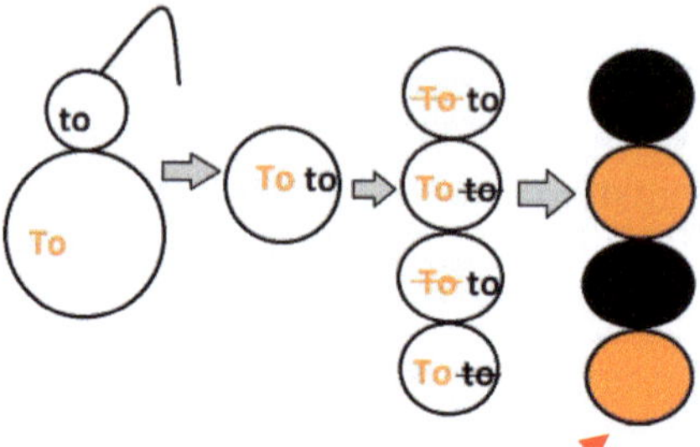

Abbildung 24: Inaktivierung X-Chromosom bei Black tts

4.4.6. <u>Epistase (Maskierung)</u>

Dominant-rezessive Gene beeinflussen sich nur gegenseitig, epistatische Gene dagegen können auch andere Gene ausschalten. Diese Art von Genen sind in der Lage die phänotypische Ausprägung anderer Gene zu unterdrücken und der epistatische Phänotyp wird sichtbar. Ein unterdrücktes Gen wird als hypostatisch bezeichnet. Der hypostatische Phänotyp ist die Farbe, welche ohne diese Überlagerung eigentlich sichtbar wäre.

Bei Goldhamstern gibt es folgende epistatischen Gene:

- Dark eared white/DEW (**cdcd**) überdeckt alle anderen Farben.
- Cream (**ee**) überdeckt die Allele A und a vollständig. Cream überdeckt ebenfalls Yellow. Schildpatt-Flecken (tts) und die Farbe Yellow werden nicht sichtbar.
- Umbrous (**U-**) überdeckt tts-Flecken (Toto).

4.4.7. <u>**Gekoppelte Vererbung**</u>

Bei dieser Art der Vererbung vererben sich Gene nicht einzeln sondern gekoppelt in Gruppen. Das führt dazu, dass bestimmte Kombinationen verhältnismäßig öfter auftreten. Die Loci der gekoppelten Gene befinden sich immer auf demselben Chromosom. Durch ein Crossing-over in der Meiose können diese Gene jedoch getrennt (entkoppelt) und dadurch neu kombiniert vererbt werden.

Beim Goldhamster liegen folgende Gene auf demselben Chromosom:

- DEW (Cd bzw.cd) und Cinnamon (P bzw. p)
- Satin (Sa bzw. sa) und Umbrous (U bzw. u)
- Banded (Ba bzw. ba) und Haarlänge (L bzw. l)

Beispiel (Abbildung 25) aus meiner Zucht:

Weibchen: **Satin + Umbrous** (Sasa Uu) wurde verpaart mit Männchen: **Nicht Satin + Nicht Umbrous** (sasa uu). Bei den 7 Nachkommen waren:

- 2 Hamster **Nicht Satin + Umbrous** (sasa Uu)
- 4 Hamster **Satin + Nicht Umbrous** (Sasa uu)
- 1 Hamster **Nicht Satin + Nicht Umbrous** (sasa uu)

Daraus lässt sich schließen, dass das Weibchen auf einem Chromosom die Allele Sa u und auf dem anderen die Allele sa U trug. Von dem Weibchen wurde also (ohne Crossing over) auf die Nachkommen entweder die Kombination Sa u oder sa U vererbt. Bei einem Jungtier war es zur Entkopplung gekommen, weshalb dieses sa u erben konnte. Natürlich kann es auch beim Vatertier zur Entkopplung gekommen sein. Das ändert jedoch nichts an der Kombination der Allele (immer sa u). Bei weiteren Würfen fielen ähnliche Kombinationsverhältnisse. Das Ergebnis ist schlüssig, da die Großeltern mütterlicherseits Sasa uu und sasa Uu trugen. Somit wurde von den Großeltern Sa u und sa U an die Mutter vererbt.

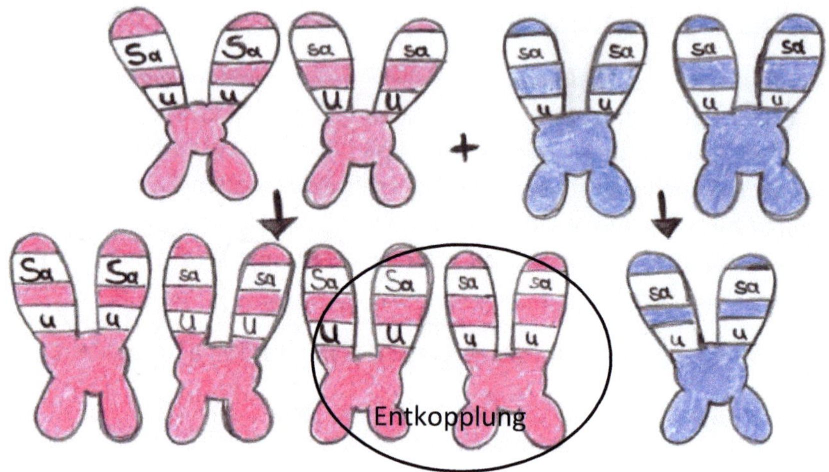

Abbildung 25: gekoppelte Vererbung

4.4.8. <u>**Letalfaktor (Letalfehler)**</u>

Als Letalfaktor werden Allele von Genen bezeichnet, welche beim Auftreten in homozygoter Form tödlich wirken bevor die Geschlechtsreife des Lebewesens eingetreten ist. Bei Goldhamstern sind die letal-dominanten Allele **Ds** und **Lg** bekannt. Wenn ein Hamster eines dieser Allele von beiden Elterntieren vererbt bekommt, ist der Hamster nicht überlebensfähig und wird entweder noch im Mutterleib resorbiert oder stirbt kurz nach der Geburt.

4.4.9. <u>**Punnett-Quadrat**</u>

Zur Aufstellung der Vererbungsvorgänge werden sogenannte Punnett-Quadrate (Rekombinationsquadrate) verwendet. Das Punnett-Quadrat wurde vom britischen Genetiker Reginald Punnett entwickelt und dient als Hilfsmittel um die Häufigkeit von verschiedenen Genotypen bei Nachkommen zu bestimmen.

36

Beispiel aus der Hamsterzucht bei der Betrachtung von nur einem Gen:

In eine Tabelle werden die Allele der Elterntiere eingetragen. Welcher Elternteil horizontal oder vertikal eingetragen wird spielt keine Rolle.

Jede Spalte steht für die Allele die eine Keimzelle tragen kann. Jede mögliche Keimzelle muss erfasst werden. Es gibt also für jedes Elterntier so viele Spalten, wie es mögliche Keimzellen gibt.

Tabelle 1: Punnett-Quadrat

	L	L
l	Ll	Ll
l	Ll	Ll

In den grauen Feldern wird der Nachwuchs dargestellt. Hierbei werden die Allele von Mutter und Vater addiert. Die gesamte Tabelle stellt 100% des Nachwuchses dar. Eine Zelle steht in diesem Fall also für 100:4 = 25% des Nachwuchses. Eine Zelle ergibt somit die prozentuelle Wahrscheinlichkeit für das Auftreten von einem bestimmten Genotypen bei der angegebenen Verpaarung. In diesem Fall beträgt die Wahrscheinlichkeit pro Zelle 25%. Einfacher: 25 von 100 Hamstern hätten diesen Genotypen.

Erfahrungsgemäß stimmt in den Würfen das berechnete Verhältnis selten überein, da sich die Berechnung auf einen prozentuellen Anteil von 100 Nachkommen bezieht. In der Realität fallen kleinere Würfe was zu großen Schwankungen der berechneten Verteilung führt. Je größer die Anzahl der Jungtiere wird, desto mehr stimmt die berechnete Verteilung. Aber auch bei 100 Nachkommen wird die Berechnung in den seltensten Fällen genau stimmen. Die Natur arbeitet eben nicht nach Statistiken.

4.4.10. **Mendelsche Vererbungsregeln**

Der Mönch Gregor Johann Mendel (1822-1884) stellte die noch heute
gültigen Mendelschen Regeln der Genetik auf. Diese Gesetzte erklären
die Gesetzmäßigkeiten der Vererbung. Diese Regeln wurden von Mendel
durch Kreuzungsversuche mit Erbsenpflanzen ermittelt. Die aufgestell-
ten Regeln sind nur für diploide Organismen (=jeweils zwei homologe
Chromosomen), welche haploide Keimzellen (= einfacher Chromosomensatz) bilden, wie Säugetiere, gültig. Die Regeln beziehen sich nur
auf Merkmale die von einem einzigen Gen ausgelöst werden.

Regel 1: Uniformitätsregel:

Es werden zwei reinerbige Eltern (Parentalgeneration P), die sich in einem Merkmal unterscheiden, gekreuzt. Die Nachkommen der ersten Generation (F1) sind uniform. Die Generation F1 besitzt also den gleichen
Genotyp und den gleichen Phänotyp. Die Merkmalsausprägung ist abhängig vom vorliegenden Erbvorgang.

- Bei dominant-rezessiven Erbvorgängen gleichen alle Nachkommen
  in den Phänotypen dem Elternteil, welcher das dominante Allel
  homozygot trägt.
- Bei intermediären Erbvorgängen mischen sich die
  Merkmalsausprägungen.

Beispiel 1: dominant-rezessiver Erbvorgang

weiblicher Hamster: AA (=reinerbig Golden)

männlicher Hamster: aa (=reinerbig Black, nicht Golden)

Die Mutter kann nur Keimzellen mit A bilden, der Vater nur Keimzellen
mit a. Somit vererbt die Mutter an alle Nachkommen ein A und der Vater
ein a. Alle Jungtiere der F1-Generation sind im Genotyp heterozygot
(mischerbig) Aa und im Phänotyp Golden.

Tabelle 2: Uniformitätsregel dominant-rezessiv

	A	A
a	Aa	Aa
a	Aa	Aa

Beispiel 2: intermediärer Erbvorgang

weiblicher Hamster: SgSg (=reinerbig Silver Grey)

männlicher Hamster: sgsg (=reinerbig Golden, nicht Silver Grey)

Tabelle 3: Uniformitätsregel intermediär

	Sg	Sg
sg	Sgsg	Sgsg
sg	Sgsg	Sgsg

Somit sind alle Jungtiere der F1-Generation im Genotyp heterozygot (mischerbig) Sgsg und im Phänotyp Silver Grey heterozygot. Im Fell der F1-Generation verbleibt durch das Allel sg ein Braunstich.

Regel 2: Spaltungsgesetz

Werden zwei gleichartig mischerbige Individuen verpaart (z.B. F1 Generation Aa bzw. Sgsg), spaltet sich der Nachwuchs (F2 Generation) in unterschiedliche Genotypen und Phänotypen.

Beispiel 1: dominant-rezessiver Erbvorgang

Wird die F1 Generation des vorherigen Beispiels (Männchen Aa + Weibchen Aa) miteinander verpaart, so können beide Elterntiere entweder mit einer (berechneten) Wahrscheinlichkeit von 50% ein A oder mit einer (berechneten) Wahrscheinlichkeit von 50% ein a an den Nachkommen vererben. Es gibt also jeweils die möglichen Keimzellen A und a.

Tabelle 4: Spaltungsgesetz dominant-rezessiv

	A	a
A	AA	Aa
a	Aa	aa

Der Phänotyp der Nachkommen spaltet sich im Verhältnis 3:1 und besteht aus 75% Golden (AA und Aa) und 25% Black (aa). Es entstehen sowohl reinerbige als auch mischerbige Nachkommen. Die drei verschiedenen Genotypen spalten sich im Verhältnis 1:2:1 (AA:Aa:aa).

Beispiel 2: intermediärer Erbvorgang

Wird die F1 Generation des vorherigen Beispiels (Sgsg) miteinander verpaart, so ergeben sich folgende Nachkommen:

Tabelle 5: Spaltungsgesetz intermediär

	Sg	sg
Sg	SgSg	Sgsg
sg	Sgsg	sgsg

Bei intermediären Erbvorgängen besteht bei der F2 Generation sowohl im Phänotypen als auch im Genotypen ein Verhältnis von 1:2:1

Der Phänotyp der Nachkommen besteht aus 50% Silver Grey heterozygot (Mischung beider Merkmalsausprägungen) und 25% Golden und 25% Silver Grey homozygot.

Regel 3: Unabhängigkeitsregel(Rekombinationsgesetz)

Es werden zwei Individuen gekreuzt, welche für zwei unterschiedliche Merkmale homozygot sind.

Voraussetzung für die Gültigkeit dieser Regel ist, dass die Merkmale unabhängig voneinander vererbt werden. Die Gene müssen auf unterschiedlichen Chromosomen liegen um eine gekoppelte Vererbung ausschließen zu können.

Beispiel einer dominant-rezessiven Vererbung:

Mutter reinerbig Golden Kurzhaar: AA LL

Vater reinerbig Black Langhaar: aa ll

Jede mögliche Keimzelle beinhaltet zwei Allele.

Tabelle 6: Unabhängigkeitsregel dominant-rezessiv P-Generation

	AL	AL
al	AaLl	AaLl
al	AaLl	AaLl

Alle Nachkommen der F1 Generation sind, wie bei der Uniformitätsregel, uniform mit dem Genotyp Aa Ll und dem Phänotyp Golden Kurzhaar.

Wird nun die F1 Generation (AaLl + AaLl) untereinander gekreuzt sind mehrere Allelkombinationen in den Keimzellen möglich. Jeder Buchstabe, also jedes Gen, muss in der Keimzelle vertreten sein. Jede für eine Keimzelle mögliche Allelkombination muss erfasst werden.

Tabelle 7: Unabhängigkeitsregel dominant-rezessiv F1-Generation

	AL	Al	aL	al
AL	AALL	AALl	AaLL	AaLl
Al	AALl	AAll	AaLl	Aall
aL	AaLL	AaLl	aaLL	aaLl
al	AaLl	Aall	aaLl	aall

Neben den bereits aufgetretenen Genotypen entstehen nun zwei neue reinerbige Kombinationen:

AA ll (Golden Langhaar) und aa LL (Black Kurzhaar).

Die Vererbung der Phänotypen erfolgt im Verhältnis 9:3:3:1 (Golden Kurzhaar: Golden Langhaar: Black Kurzhaar: Black Langhaar).

Bei intermediären Erbvorgängen werden die Phänotypen nicht im Verhältnis 9:3:3:1 ausgebildet, aber das Verhältnis der Genotypen ist wie beim dominant-rezessiven Erbgang.

Zu beachten:

gekoppelte Vererbung:

Tabelle 8: gekoppelte Vererbung

	Sau	saU
sau	Sau sau	saU sau
sau	Sau sau	saU sau

Bei dieser Vererbung können die Mendelschen Regeln nicht wie oben beschrieben angewendet werden. Gekoppelte Gene können aber in die Punnett-Tabelle aufgenommen werden. Kommt es jedoch zur Entkopplung wird das Ergebnis anders ausfallen. Die gekoppelten Allele werden zur Erkennung mit einem Strich verbunden.

Ohne Entkopplung wären 50% Satin und nicht Umbrous (Sasa uu) und 50% nicht Satin und Umbrous (sasa Uu).

Geschlechtsgebundene Vererbung: Einen weiteren Spezialfall stellt die geschlechtsgebundene Vererbung dar. Hier können die Mendelschen Regeln ebenfalls nicht so einfach wie oben beschrieben angewandt werden, da Genotyp und Phänotyp vom Geschlecht des Lebewesens abhängig sind.

Beispiel aus der Hamsterzucht: Das Gen für die Fellfarbe Yellow befindet sich auf dem X-Chromosom.

Für Weibchen gilt:

- ToTo = Yellowfarbener Hamster. Bei weiblichen Tieren ist nur eines der beiden X Chromosomen aktiv. Tragen beide X-Chromosomen das Allel To ist es egal welches Chromosom inaktiv ist. Der Phänotyp ist immer Yellow.
- Toto = Tortoiseshell (tts). Ein X-Chromosom trägt das Allel To, das andere X-Chromosom trägt das Allel to. Dadurch, dass immer eines der beiden X-Chromosomen inaktiv ist, bildet sich an diesen Stellen

die Fellfarbe Yellow (To) oder "Nicht Yellow" (to) aus. So entsteht
ein individuelles Muster.

- toto = Der Hamster trägt kein Allel für Yellow. Yellow wird nicht
ausgebildet.

Da Männchen nur ein X Chromosom haben, können diese entweder
"Yellow (ToY)"oder "Nicht Yellow (toY)" sein.

In Tabelle 9 ist die geschlechtsgebundenen Vererbung beim Goldhamster
am Beispiel Yellow dargestellt. Die Mutter vererbt sowohl an eine Tochter als auch an einen Sohn eines der beiden X-Chromosomen mit jeweils
einer (berechneten) Wahrscheinlichkeit von 50%. Der Vater vererbt an
eine Tochter immer das X-Chromosom und an einen Sohn immer das Y-
Chromosom.

In der Tabelle stammen blaue Allele vom Vater, rosafarbene von der
Mutter. Da bei den Verpaarungen der Eltern unterschiedliche Genotypen
und Phänotypen der Töchter und der Söhne möglich sind, enthält die Tabelle jeweils zwei Spalten für Töchter und Söhne.

Die Farben der Zellen stehen für unterschiedliche Phänotypen. Gelbe
Zelle= Yellow, graue Zelle= Nicht Yellow, grüne Zelle= tts

Tabelle 9: geschlechtsgebundene Vererbung

Mutter	Vater	Tochter	Tochter	Sohn	Sohn
ToTo	ToY	ToTo	ToTo	ToY	ToY
ToTo	toY	Toto	Toto	ToY	ToY
Toto	ToY	ToTo	Toto	ToY	toY
Toto	toY	Toto	toto	ToY	toY
toto	ToY	Toto	Toto	toY	toY
toto	toY	toto	toto	toY	toY

1. Werden zwei Yellow Tiere verpaart, werden alle Nachkommen Yellow.
2. Wird ein Yellow Weibchen mit einem "Nicht-Yellow"Männchen verpaart, so werden alle weiblichen Nachkommen tts und alle männlichen Nachkommen Yellow.
3. Wird ein tts-Weibchen mit einem Yellow Männchen verpaart, so werden die weiblichen Nachkommen entweder Yellow oder tts und die männlichen Nachkommen Yellow oder "Nicht-Yellow".
4. Wird ein tts-Weibchen mit einem "Nicht-Yellow"Männchen verpaart, so werden die weiblichen Nachkommen entweder "Nicht-Yellow"oder tts und die männlichen Nachkommen Yellow oder "Nicht-Yellow".
5. Wird ein "Nicht-Yellow"Weibchen mit einem Yellow Männchen verpaart, so werden alle weiblichen Nachkommen tts und alle männlichen Nachkommen "Nicht-Yellow".

Je mehr Gene bei der Fortpflanzung beteiligt sind, desto komplexer wird die Berechnung der Nachkommen. Per Hand wird dieses Verfahren dann sehr schwierig und irgendwann unmöglich.

Beispiel für 3 Gene:

Weiblicher Hamster: Aa Sgsg Ll + männlicher Hamster: AA Sgsg ll

In jeder Keimzelle muss jeder Buchstabe, also jedes Gen vertreten sein: Bei dem weiblichen Hamster wäre das: A/a; Sg/sg; L/l

Es werden alle möglichen Allelkombinationen erstellt. Am einfachsten ist es mit dem ersten Buchstaben zu beginnen: ASgL; ASgl; AsgL, Asgl

Anschließend werden weitere Kombinationen mit dem Allel a erstellt. Es ergibt sich folgende Tabelle:

Tabelle 10: Punnett-Quadrat mit 3 Genen

	ASgl	Asgl
ASgL	AASgSgLl	AASgsgLl
ASgl	AASgSgll	AASgsgll
AsgL	AASgsgLl	AAsgsgLl
Asgl	AASgsgll	AAsgsgll
aSgL	AaSgSgLl	AaSgsgLl
aSgl	AaSgSgll	AaSgsgll
asgL	AaSgsgLl	AasgsgLl
asgl	AaSgsgll	Aasgsgll

Wie sich erkennen lässt ist das System bereits mit 3 Genen sehr komplex. Zur Hilfe der Berechnung bei mehreren beteiligten Genen gibt es spezielle Züchterprogramme.

5. <u>Zuchtvarianten</u>

Heute gibt es viele verschiedene Farb-und Fellvarianten des Goldhamsters, welche im Laufe der Zeit durch selektive Zucht entstanden sind.

Die Wildform des syrischen Goldhamsters trägt folgenden Gencode:

***AA BB baba CC DD DgDg dsds EE HrHr LL lglg PP RdRd RuRu
RxRx SS sasa sgsg toto uu whwh***

Die angegebenen Buchstaben basieren auf den bisher bekannten Mutationen und stehen für die unmutierten Allele. Neue Mutationen werden mit weiteren Buchstaben ergänzt. Heute wird man unter den Haustieren wohl kaum einen Hamster finden, welcher keine Mutationen trägt. Wofür die verschiedenen Gene stehen wird in diesem Kapitel erläutert.

Die Wildform des Goldhamsters hat kurzes, kastanienbraunes Oberfell mit schwarzem "Ticking"(Haarspitzen), graues Unterfell, einen ivory-farbenen Bauch, dunkelgraue Ohren, schwarze Augen und schwarze Backenstreifen. Die Farbe wird als Golden bezeichnet.

Abbildung 26: Wildfarben = Golden Sh [Sweetness]

5.1. **Farben**

Die Fellfarbe eines Hamsters entsteht durch zwei verschiedene Pigmente:

- Eumelanin (schwarz-braun)
- Phäomelanin (rot-gelb)

Die Farbe des Tieres ergibt sich durch die Menge und die Farbverteilung der beiden Pigmente im Fell. Verschiedenen Gene haben Einfluss auf die gebildete Menge und die Verteilung der Pigmente im Fell. Bei einem wildfarbenen Hamster ist das Haar gebändert (Ticking) und beide Farbpigmente werden von den vorhandenen Genen in einer definierten Menge ausgebildet.

Alle bisher bekannten Farben werden in Agoutifarben und Selffarben eingeteilt.

5.1.1. **Agoutifarben**

Agoutifarben basieren auf dem dominanten Allel A. Das Tier kann AA oder Aa tragen damit es zu einer Ausprägung der Agoutimerkmale kommt. Die Wildform des Hamsters gehört zu den Agoutifarben. Der Hamster besitzt typische Agoutimerkmale:

- Halbmonde
- Backenstreifen
- Brustband
- Bänderung der Haare
- Heller Bauch

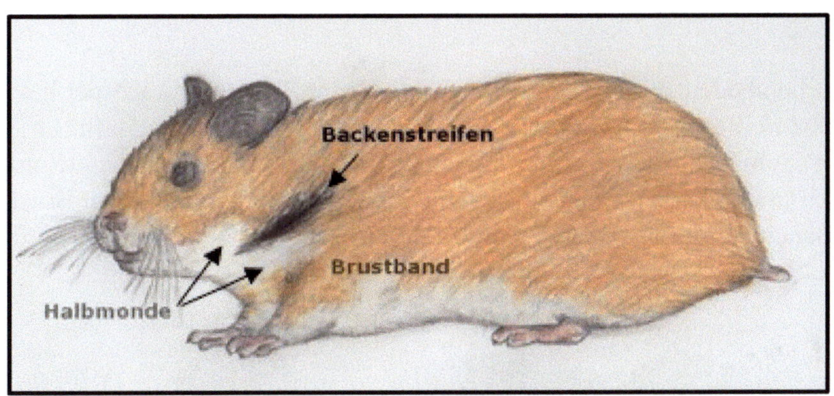

Abbildung 27: Agoutimerkmale

Die Haare von Hamstern mit Agoutifarben sind gebändert. Das Unterfell hat eine andere Farbe als das Oberfell und die Haarspitzen (Ticking).

Zum Vergleich ist rechts ein Haar einer Agoutifarbe mit Ticking und links ein Haar einer Selffarbe dargestellt.

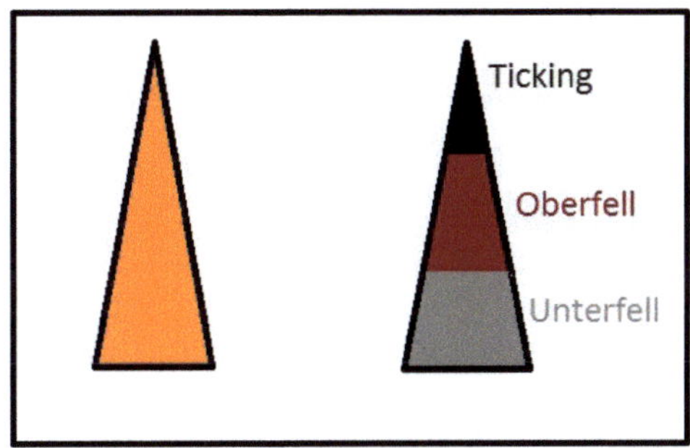

Abbildung 28: Haartypen

5.1.2. __Selffarben__

Selffarben bedeutet durchgehend gefärbte Haare. Der gesamt Körper hat dieselbe Fellfarbe. Die Hamster haben keine Agoutimerkmale, dafür weiße „Schuhe" und ein weißes Lätzchen und/oder einen/mehrere kleine weiße Bauchfleck/en (Seite 84; Abbildung 124). Der Weißanteil an Brust und Bauch ist individuell und kann stark variieren.

Abbildung 29: Selffarbe Black mit weißen Handschuhen

Selffarben basieren auf dem Gencode aa, ee oder cdcd.

5.1.3. __Grundfarben__

Zunächst werden jeweils die mutierten Allele angegeben. Anschließend wird das Aussehen des Hamsters bei den verschiedenen Gencodes aufgelistet. Als Grundfarbe werden hier Farben, welche durch eine einzige Genmutation entstehen, bezeichnet.

Black a: Rezessives Allel. Vererbung dominant-rezessiv.

- **AA/Aa (= Wildfarbe):** Eumelanin und Phäomelanin werden normal ausgebildet.
- **aa (=Black):** Selffarbe.
  Die Haare sind komplett mit dem schwarz-braunen Pigment Eumelanin durchgefärbt. Phäomelanin wird nicht gebildet. Fell, Augen und Ohren sind schwarz. Mit zunehmendem Alter bekommen schwarze Hamster oft einen starken Braunstich.

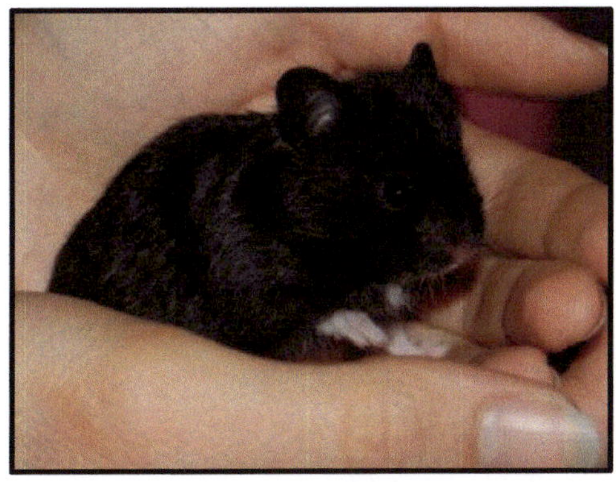

Abbildung 30: Black Jungtier

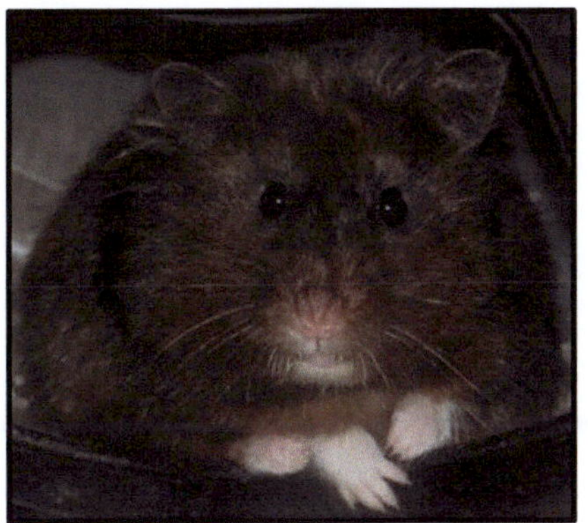

Abbildung 31: Black Alttier

Rust b: Rezessives Allel. Vererbung dominant-rezessiv.

- **BB/Bb (= Wildfarbe):** Eumelanin und Phäomelanin werden normal ausgebildet.
- **bb (=Rust):** Agoutifarbe.
  Das schwarz-braune Pigment Eumelanin ist braun, das rot-gelbe Pigment Phäomelanin wird nicht beeinflusst. Die Hamster haben ein orange-braunes Oberfell, braun-graues Unterfell und braunes Ticking. Der Bauch ist ivoryfarben. Backenstreifen, Ohren und Augen sind braun.

Abbildung 32: Rust [Tinka's Teddyhamster]

"Albino" cd/ce: Rezessive Allele. Vererbung dominant-rezessiv.

Abbildung 33: DEW

Die Ausprägung beider Pigmente wird vermindert. Je nachdem welche Allele der Hamster besitzt, unterscheidet sich die Auswirkung der Pigmentabschwächung.

- **cc:** Genetisch echter Albino. Diese Mutation ist bei Hamstern bisher nicht aufgetreten. (Hamster mit dem Gencode cdcd pp sehen nur wie Albinos aus)
- **CC/Cce/Ccd (= Wildfarbe):** Eumelanin und Phäomelanin werden normal ausgebildet.
- **cece (= Extreme Dilute Homozygot):** Agoutifarbe. Geringe Reduktion des schwarz-braunen Pigments Eumelanin und starke Reduktion des rot-gelben Pigments Phäomelanin zu Cream. Hamster ähnelt einem Light Grey Hamster.
- **cdce(=Extreme Dilute Heterozygot):** Agoutifarbe. Reduktion des schwarz-braunen Pigments Eumelanin zu grau-braun und des rot-gelben Pigments Phäomelanin zu einem hellen Cream. Hamster ähnelt einem Light Grey Hamster.
- **cdcd (=Dark eared white/DEW):** Selffarbe. Epistatisches Gen. Im Fell werden keine Pigmente ausgebildet. Der Hamster ist weiß mit hellroten Augen und dunkelgrauen Ohren.

Dark Grey dg: Rezessives Allel. Vererbung dominant-rezessiv.

- **DgDg/Dgdg (= Wildfarbe):** Eumelanin und Phäomelanin werden normal ausgebildet.
- **dgdg (=Dark Grey):** Agoutifarbe. Das rot-gelbe Pigment wird zu einem hellen grau verdünnt. Die Hamster haben ein schiefer-graues Oberfell, dunkelgraues Unterfell und schwarzem Ticking. Der Bauch ist ivoryfarben. Backenstreifen und Augen sind schwarz. Die Ohren sind dunkelgrau. Um die Augen ist ein schwarzer Fellring.

Abbildung 34: Dark Grey [Sweetness]

Cream e: Rezessives Allel. Vererbung dominant-rezessiv.

- **EE/Ee (= Wildfarbe):** Eumelanin und Phäomelanin werden normal ausgebildet.
- **ee (= Cream) :** Selffarbe. Cream ist ein epistatisches Gen. Die Allele A und a werden überschrieben, wodurch kein schwarz-braunes Pigment mehr gebildet werden kann. Es wird nur noch das rot-gelbe Pigment gebildet. Die Farbe Cream wird bei den Allelkombinationen AA, Aa und aa identisch ausgebildet. Das Fell ist creamfarben. Die Ohren sind dunkelgrau und die Augen sind schwarz. Die Hamster haben bei der Geburt helle Ohren. Die Pigmentierung der Ohren beginnt mit ca. 2 Wochen und dauert etwa bis zum Beginn des dritten Lebensmonats. Yellow und tts-Flecken werden überdeckt.

Abbildung 35: Cream

Light Grey Lg: Dominantes Allel. Vererbung dominant-rezessiv.

- **lglg (= Wildfarbe):** Eumelanin und Phäomelanin werden normal ausgebildet.
- **LgLg:** Letal.
- **Lglg (= Light grey):** Agoutifarbe. Das schwarz-braune Pigment wird leicht aufgehellt zu dunkelgrau, das rot-gelbe Pigment wird zu hellem beige-grau. Das Oberfell ist cream-hellgrau, das Unterfell dunkelgrau, das Ticking dunkelgrau bis schwarz. Der Bauch ist creamfarben. Die Ohren sind dunkelgrau. Backenstreifen und Augen schwarz.

Cinnamon p: Rezessives Allel. Vererbung dominant-rezessiv.

- **PP/Pp (= Wildfarbe):** Eumelanin und Phäomelanin werden normal ausgebildet.
- **pp (= Cinnamon):** Agoutifarbe.
  Das schwarz-braune Pigment wird braun, das rot-gelbe Pigment orange. Der Hamster hat ein orange-braunes Oberfell, grau-blaues Unterfell und einen ivoryfarbenen Bauch. Die Ohren sind hell und die Augen dunkelrot. Die Backenstreifen sind grau-braun.

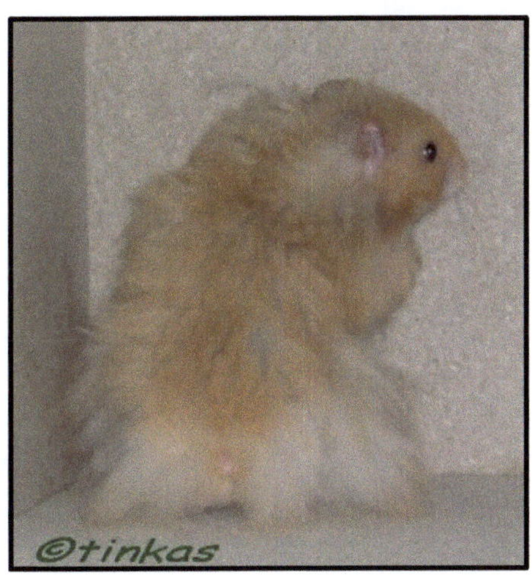

Abbildung 36: Cinnamon [Tinka's Teddyhamster]

Yellow To: Dominantes Allel. Vererbung dominant-rezessiv.

- **toto/toY (= Wildfarbe):** Eumelanin und Phäomelanin werden normal ausgebildet.
- **ToTo/ToY (=Yellow):** Agoutifarbe. Geschlechtsgebunde Vererbung. Das rot-gelbe Pigment wird aufgehellt, das schwarz-braune Pigment wird überall im Haar (außer in den Spitzen) durch das rot-gelbe Pigment ersetzt. Das Oberfell des Hamsters ist dunkelgelb mit schwarzem Ticking. Das Bauchfell ist ivoryfarben. Die Augen und Backenstreifen sind schwarz. Die Ohren sind dunkelgrau.
- **Toto(= Tortoiseshell/tts):** Das Merkmal Yellow wird stellenweise ausgebildet. Die Farbe der Flecken ist abhängig von der Grundfarbe und entspricht der jeweiligen "Yellow-Farbe".
  Bsp.
  <u>Golden tts (Toto):</u> Grundfarbe Golden (A-) und Fleckenfarbe Yellow (To); <u>Silver Grey tts (Sg- Toto):</u> Grundfarbe Silver Grey (Sg-), Fleckenfarbe Silver Pearl (Sg- To).
  Trotzdem wirkt die Farbe der To-Flecken im Fell nicht immer so wie die Farbe eines Yellow Tieres. Die Farbintensität der Fleckenfarbe variiert und wirkt insbesondere bei großen Flecken heller.

Abbildung 37: Yellow [Tinka's Teddyhamster]

In der folgenden Tabelle werden die Fleckenfarben einiger Grundfarben aufgelistet.

Tabelle 11: Fleckenfarben und Grundfarben bei tts-Tieren

Grundfarbe (to)	Fleckenfarbe (To)
Black	Dunkelgelb (Yellow Black)
Cream	Nicht sichtbar
Cinnamon	Gelb-orange (Honey)
Golden	Gelb (Yellow)
Dark Grey	Hellgrau (Smoke Pearl)
DEW	Nicht sichtbar
Dilute	hellbeige
Rust	Gelb-orange (Honey)
Silver Grey	Ivory (Silver Pearl)
Umbrous	Nicht sichtbar

Abbildung 38: Rust tts [Vulpes]

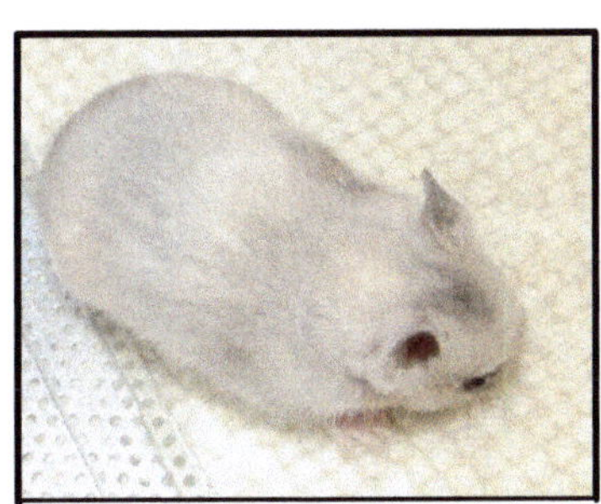

Abbildung 39: Silver Grey tts [Niljos]

Abbildung 40: Black tts [Kelaino]

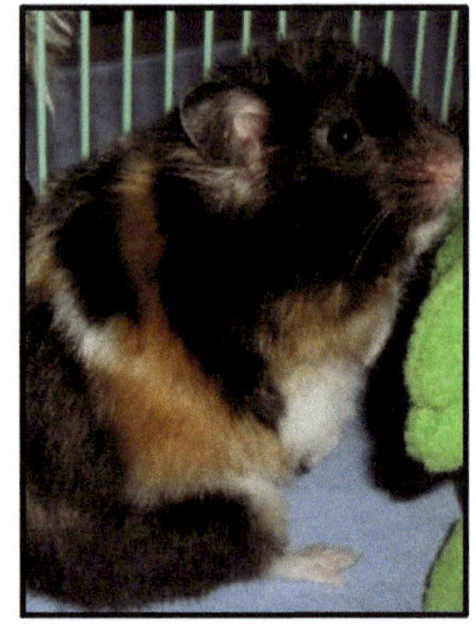

Abbildung 41: Black tts Ba=Tricolor [Niljos]

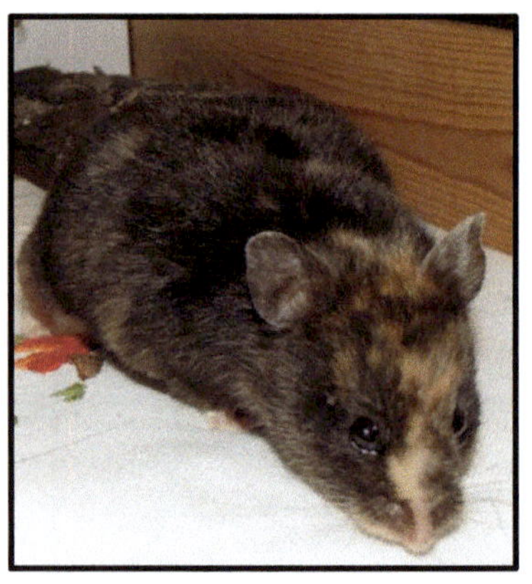

Abbildung 42: Black tts [Niljos]

Abbildung 43: Golden tts Ba

Besonderheit:

Yellow (ToTo/ToY) wird von Cream (ee) vollständig überdeckt. Im Erwachsenenalter ist ein Hamster der Cream (ee) ist nicht von einem Hamster der Cream und Yellow zugleich (ee ToTo/ToY) oder Cream tts (ee Toto) ist zu unterscheiden. Der einzige Unterschied ist, dass die Ohren bei einem Hamster mit dem Genotypen ee ToTo/ToY bereits in einem Alter von wenigen Tagen vollständig pigmentiert sind und die Ohren eines Hamsters mit dem Genotypen ee erst in einem Alter von etwa zwei Wochen mit der Pigmentierung beginnen. Anhand eigener Beobachtung konnte ich bei Cream-tts-Weibchen feststellen (ee Toto), dass die Ohren wie bei einem Cream-Yellow Hamster auch mit ca. 10 Tagen komplett durchgefärbt waren.

Im Vergleich: Cream tts (links) und Cream Satin (rechts) mit ca. 12 Tagen und mit ca. 5 Wochen. Das "Satin-Gen" beeinflusst die Ohrenfarbe nicht.

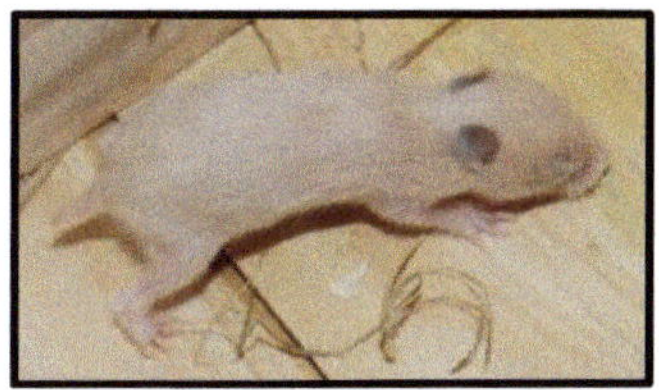

Abbildung 44: Cream tts ca. 12 Tage

Abbildung 45: Cream ca. 12 Tage

Abbildung 47: Cream tts ca. 5 Wochen

Abbildung 46: Cream ca. 5 Wochen

Durch Nachzuchten konnte bestätigt werden, dass das Weibchen auf den linken Fotos tts war. Leider fehlen mir intensivere Untersuchungen, so dass ich nicht weiß ob dieses Phänomen bei Cream-tts immer der Fall ist. Vielleicht muss hierzu die Ausgangszelle des Ohres ein aktives X-Chromosom mit dem Allel To tragen, wodurch sich beide Ohren gleich verhalten und wie bei einem Yellow-Tier verfärben. Bisher habe ich zumindest noch nie gesehen, dass sich die Ohren bei Cream-tts uni fleckig verfärben. Bei Sable-Weibchen (ee U-) konnte ich noch nicht beobachten wie sich die Ohrenverfärbung verhält, wenn diese tts tragen (ee U- Toto). Es gibt auch tts-Hamster, bei welchen kaum, oder nur als Baby, einzelne gefärbte Haare im Fell als tts-Färbung erkennbar sind. Theoretisch müsste es auch Hamster ganz ohne sichtbare tts-Flecken geben, wenn in allen Zellen des Tieres zufällig das X-Chromosom welche das Allel To trägt, inaktiviert worden ist. Das Tier könnte das Allel To aber trotzdem weitervererben. Nach dieser Vermutung könnte es auch bei Tieren mit Zeichnungsgenen sein dass die Zellen, welche das Allel To tragen, im weißen Bereich des Tieres sind. Die Weißfärbung von Zeichnungsgenen überdeckt nämlich alle Farben.

Silver Grey Sg: Semi-dominantes Allel. intermediäre Vererbung.

- **sgsg(= Wildfarbe):** Eumelanin und Phäomelanin werden normal ausgebildet.
- **SgSg (= Silver Grey homozygot)**
  Sgsg(= Silver Grey heterozygot): Agoutifarbe.
  Das schwarz-braune Pigment wird zu grau-schwarz aufgehellt, die Bildung des rot-gelben Pigments wird verhindert und erscheint fast weiß. Trägt ein Hamster SgSg wird das Merkmal vollständig ausgebildet. Trägt der Hamster Sgsg wird die Ausbildung der Wildfarbe nicht vollständig unterdrückt und die beiden Merkmale vermischen sich. Der Hamster erhält einen Braun/Creamstich. Bei Silver Grey ist das Unterfell dunkelgrau, das Ticking schwarz. Die Backenstreifen sind schwarz, der Bauch hellgrau. Die Augen sind schwarz und die Ohren dunkelgrau.

Abbildung 48: Silver Grey hetero [Tinka's Teddyhamster]

Abbildung 49: Silver Grey homo Satin [Niljos]

Umbrous U : Dominantes Allel. Dominant-rezessive Vererbung.

- **uu (= Wildfarbe):** Eumelanin und Phäomelanin werden normal ausgebildet.
- **UU/Uu (=Umbrous):** Dem Fell wird schwarz-braunes Pigment hinzugefügt, wodurch es verdunkelt wird. Je nach Grundfarbe eines Hamsters fällt die Verdunkelung unterschiedlich stark aus. Auf sehr dunklen Farben wie Black zeigt sich keine Veränderung. Bei Farben, die auf Cream basieren, bekommt der Hamster Augenringe, welche die Farbe des Unterfells haben. Die Farbe des Unterfells bleibt unbeeinflusst. Die Haare sind dann nicht mehr, wie eigentlich bei Selffarben üblich, durchgängig gleich gefärbt. Im Alter scheint die Unterfarbe des Hamsters immer stärker durch das Fell hindurch. Besonders das Hinterteil wird durch das durchscheinende Unterfell heller und die Augenringe vergrößern sich zu einer Maske. Bei Teddyhamstern ist das Unterfell durch die Haarlänge stärker sichtbar. Umbrous überdeckt tts-Flecken.

Abbildung 50: Sable Lh 4 Wochen

Abbildung 51: Sable Lh; männlich; ausgewachsen [Vulpes]

Abbildung 53: Yellow Umbrous [Tinka's Teddyhamster]

Abbildung 52: Unterfell Sable [Vulpes]

Abbildung 55: Rust Umbrous [Vulpes]

Abbildung 54: Cinnamon Umbrous [Vulpes]

Abbildung 56: Golden Umbrous [Sweetness]

Abbildung 57: Silver Grey Umbrous [Vulpes]

Abbildung 58: Dark Grey Umbrous [Sweetness]

Dilute d: Rezessives Allel. Vererbung dominant-rezessiv

Generell werden die Fellfarbe aufhellende Gene als Dilute-Gene be-zeichnet.

- **DD/Dd (= Wildfarbe):** Eumelanin und Phäomelanin werden normal ausgebildet.
- **dd (= Dilute):** Agoutifarbe. Aufhellung der Fellfarbe.

Abbildung 59: Dilute tts Polywhite [Sweetness]

<u>**Zusammenfassung der Grundfarben:**</u>

Tabelle 12: Grundfarben

Gencode	Farbe
AA/Aa	Golden
aa	Black
bb	Rust
cdcd	Dark eared White (DEW)
cdce	Extreme Dilute Heterozygot
cece	Extreme Dilute Homozygot
dd	Dilute
dgdg	Dark Grey
ee	Cream
Lglg	Light Grey
pp	Cinnamon
SgSg	Silver Grey homozygot
Sgsg	Silver Grey heterozygot
ToTo/ToY	Yellow
Toto	Tortoiseshell (tts)
UU/Uu	Umbrous

5.1.4. <u>Kombinationsfarben</u>

Durch die Kombination der unterschiedlichen Farbgene entsteht ein sehr breites Spektrum an Farben.

Bestimmte Farbkombinationen haben Namen, die durch das häufige Vorkommen schnell auswendig gelernt werden können.

Trägt der Hamster UU/Uu wird dieser, wenn er zusätzlich Cream (ee) trägt, bei den meisten Farbkombinationen als Sable bezeichnet. Trägt der Hamster kein Cream (ee) wird dem Farbnamen ein Umbrous hinzugefügt.

Weibchen des Genotypen Toto wird an den Farbnamen ein tts (= Tortoiseshell) hinzugefügt. Besitzt der Hamster zusätzlich ein Zeichnungsgen (Kapitel 5.2.) wird er auch als Tricolor (Dreifarbig) bezeichnet.

RE steht für die Abkürzung rote Augen, wenn das Tier pp trägt. BE für schwarze Augen, wenn das Tier Pp oder PP trägt. Als brown eyed wird ein Hamster mit braunen Augen bezeichnet wenn dieser bb trägt (Kapitel 5.4). Diese Abkürzungen werden aber nur dann im Farbnamen verwendet, wenn dieselbe Fellfarbe (Farbbezeichnung) bei unterschiedlichen Augenfarben vorkommt. Beispielsweise bei Ivory, Rust oder Cream. Meistens bewirkt das Tragen von pp und bb eine andere Fellfarbe und somit auch eine andere Farbbezeichnung. Die zusätzliche Angabe der Augenfarbe wird dadurch unnötig.

Als unifarben wird ein Hamster ohne Zeichnungsgen (Kapitel 5.2) bezeichnet. Umgangssprachlich wird ein Hamster des Phänotypen Black Banded als "Pandahamster" bezeichnet.

Als homozygot (immer bezogen auf ein bestimmtes Merkmal) wird ein Hamster bezeichnet, welcher auf beiden homologen Chromosomen das gleiche Allel trägt. Allerdings erfolgt diese Angabe nur wenn sich dadurch ein anderer Phänotyp, aber keine andere Farbbezeichnung ergibt (z.B. bei Silver Grey).

Trägt der Hamster Silver Grey wird dem Farbnamen in der Regel ein Silver vorangestellt. So wird die Kombination von Black und Silver Grey als Silver Black bezeichnet.

Umgangssprachlich werden Kurzhaarhamster Goldhamster und Langhaarhamster Teddyhamster genannt. Bei beiden handelt es sich natürlich um Goldhamster.

Tabelle 13: Farbbezeichnungen

Bezeichnung	Bedeutung
Ba	Banded (Zeichnungsgen) – Kapitel 5.2
Ds	Dominant Spot (Zeichnungsgen) – Kapitel 5.2
Pandahamster	Hamster Black Banded
BE	Black eyed (schwarze Augen) – Kapitel 5.4
RE	Red eyed (rote Augen) /pp– Kapitel 5.4
Brown eyed	Braune Augen /bb– Kapitel 5.4
Sable	ee U-
Tricolor	Hamster tts + Zeichnungsgen
tts	Schildpatt/Tortoiseshell/Tortie
Longhair (Lh)	Teddyhamster (Langhaar)
Shorthair (Sh)	Kurzhaarhamster (Wildform)
uni	Hamster ohne Zeichnungsgene

In den folgenden Tabellen befindet sich eine Zusammenfassung einiger häufiger Kombinationsfarben mit Bezeichnung. Generell ist jede Kombination der existierenden Gene möglich. In den Tabellen werden nur Farbgene, welche von der Wildform abweichen, angegeben. Unterscheiden sich homozygote und heterozygote Formen nicht, wird ein – anstelle des Allels angegeben.

Farbkombinationen mit pp haben immer rote Augen. Genauere Informationen zur Augenfarbe erfolgen in Kapitel 5.4.

Die Entstehung der Ohrenfarbe wird im Kapitel 5.5. erläutert.

Kombinationsfarben basierend auf A-:

Tabelle 14: Kombinationsfarben (A-)

Genotyp	Phänotyp
bb pp	RE Rust
bb pp U-	RE Rust Umbrous
bb SgSg	Silver Rust homozygot
bb Sgsg	Silver Rust heterozygot
bb Sg- ToTo/ToY	Silver Pearl Brown
bb Sg- U-	Silver Rust Umbrous
bb ToTo/ToY	BE Honey
bb ToTo/ToY U-	BE Honey Umbrous
dgdg ToTo/ToY	Smoke Pearl
dgdg pp	Lilac
pp Sg-	RE Silver Grey
pp ToTo/ToY	RE Honey
Sg- ToTo/ToY	Silver Pearl

<u>Hilfestellung zur Erkennung der Farben:</u>

Die Unterscheidung zwischen Silver Rust homozygot und heterozygot ist wie bei Silver Grey durch einen höheren Braunanteil im Fell zu erkennen.

Die roten Augen einiger Farben (z.B Cinnamon, RE Rust) werden so dunkel, dass diese im Erwachsenenalter kaum von schwarzen zu unterscheiden sind. Bei Lichteinfall ist das Rot am besten zu erkennen.

Umbrous verdunkelt sowohl Rücken als auch Bauchfell.

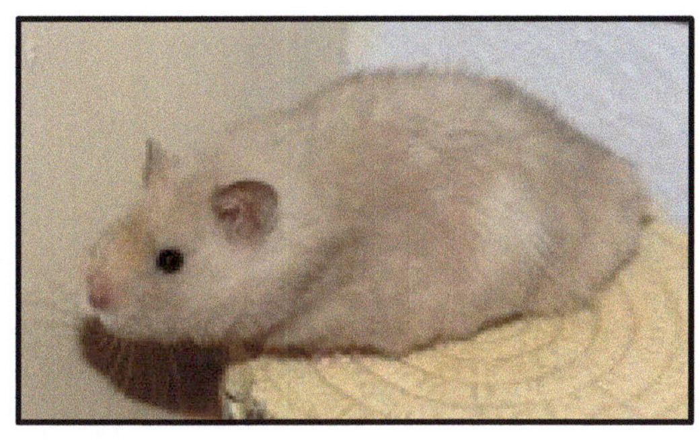

Abbildung 60: Silver Pearl Brown [Sweetness]

Abbildung 62: Smoke Pearl [Sweetness]

Abbildung 61: Silver Rust homozygot Satin

Abbildung 63: Lilac [Sweetness]

Abbildung 64: Silver Rust heterozygot

Abbildung 66: RE Honey [Tinka's Teddyhamster]

Abbildung 65: Silver Rust Umbrous

Abbildung 67: Silver Pearl Ba [Tinka's Teddyhamster]

Abbildung 68: BE Honey[Tinka's Teddyhamster]

Abbildung 69: RE Honey Ds Satin [Kelaino]

Abbildung 70: RE Rust Umbrous [Kelaino]

Abbildung 74: BE Honey Umbrous [Vulpes]

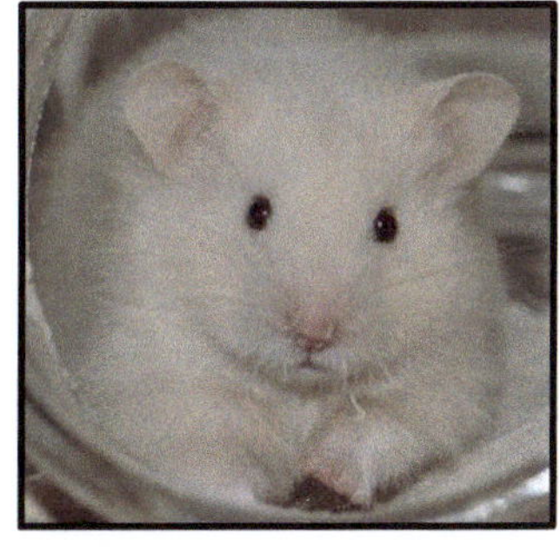

Abbildung 71: RE Silvergrey [Vulpes]

Abbildung 72: Silver Rust heterozygot Ds odd eyed [Kelaino]

Abbildung 73: RE Rust [Vulpes]

Kombinationsfarben basierend auf aa:

Tabelle 15: Kombinationsfarben (aa)

Genotyp	Phänotyp
aa bb	Chocolate/ Choco
aa bb dd	Lavendel
aa bb pp	Champagne
aa bb pp Sg-	Silver Champagne
aa bb pp ToTo/ToY	Honey Chocolate
aa bb Sg-	Silver Chocolate
aa bb ToTo/ToY	Yellow Chocolate
aa dd	Blue
aa dd pp	Dove dilute/Coffee
aa dd Sg-	Silver Blue
aa dd ToTo/ToY	Yellow Blue
aa pp	Dove
aa pp Sg-	Silver Dove
aa Sg-	Silver/Dingy Black
aa Sg- ToTo/ToY	Silver Pearl Black
aa Sg- ToTo/ToY U-	Silver Pearl Black Umbrous
aa ToTo/ToY	Yellow Black
aa ToTo/ToY U-	Yellow Black Umbrous

<u>Hilfestellung zur Erkennung der Farben:</u>

Durch den Erhalt des Allel Sg bleibt der Farbton des Tieres bei Selffarben gleich, wird jedoch aufgehellt. Das Ausmaß der Aufhellung ist verschieden. Es gilt: Je dunkler die Farbe, desto geringer fällt die Aufhellung aus. Ein Black und ein Silver Black Hamster sind kaum zu unterscheiden. Bei weiblichen Hamstern mit Schildpattzeichnung ist ein Unterschied sehr gut an der Fleckenfarbe zu erkennen. Ein Black tts und ein Silver Black tts Tier sind so sehr gut zu unterscheiden.

Umbrous verdunkelt das gesamte Fell. Je dunkler die Farbe ist, desto geringer fällt die Verdunkelung aus. Hamster in der Farbe Black und Black Umbrous zum Beispiel sind nicht zu unterscheiden.

Abbildung 76: Yellow Chocolate [Niljos]

Abbildung 75: Choco tts Ba Satin [Niljos]

Abbildung 77: Lavendel [Tinka's Teddyhamster]

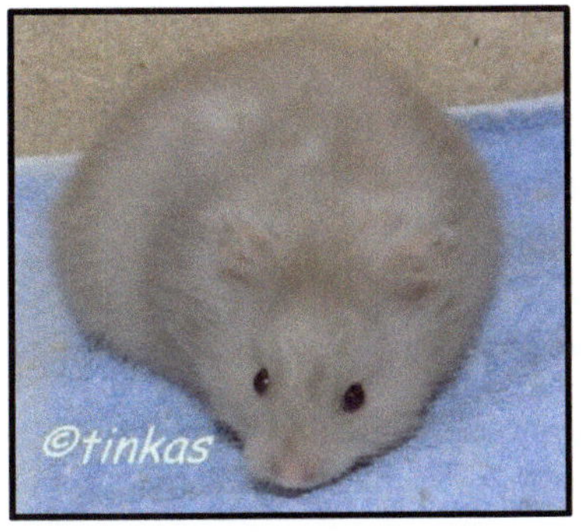

Abbildung 78: Dove Dilute [Tinka's Teddyhamster]

Abbildung 80: Yellow Black Umbrous

Abbildung 79: Champagne

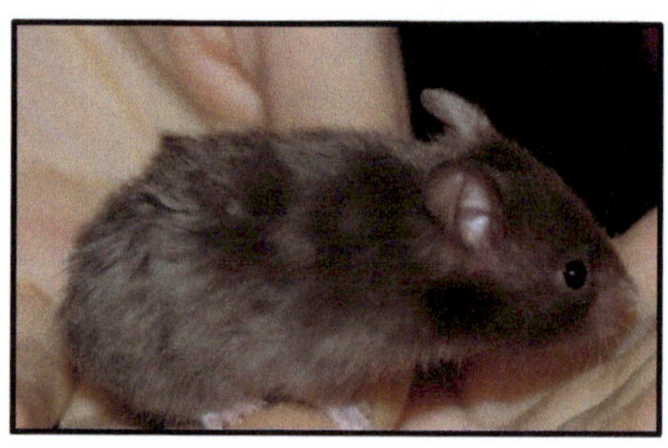

Abbildung 84: Silver Chocolate Satin

Abbildung 81: Silver Chocolate tts

Abbildung 83: Silver Black Satin

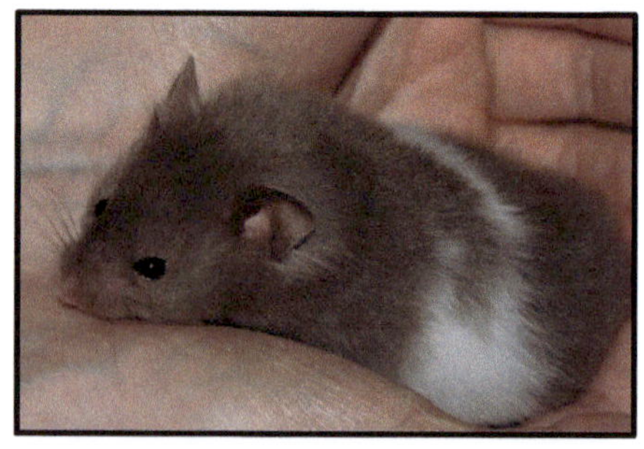

Abbildung 82: Chocolate Banded

Abbildung 85: Silver Pearl Black Ds Umbrous

Abbildung 86: Blue [Tinka's Teddyhamster]

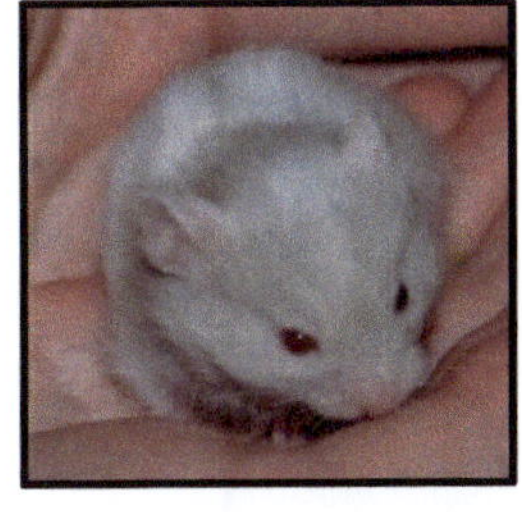

Abbildung 90: Yellow Black

Abbildung 89: Silver Dove tts

Abbildung 88:Yellow Blue [Kelaino]

Abbildung 87: Silver Pearl Black Ba [Tinka's Teddyhamster]

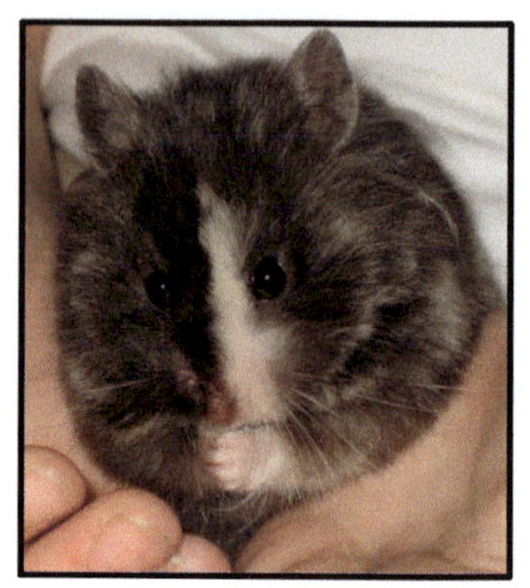

Abbildung 92: Silver Black tts

Abbildung 91: Silver Chocolate tts [Vulpes]

Abbildung 93: Blue tts [Kelaino]

Abbildung 94: Honey Chocolate [Vulpes]

Abbildung 95: Silver Blue tts [Kelaino]

Abbildung 96: Dove tts Ba [Niljos]

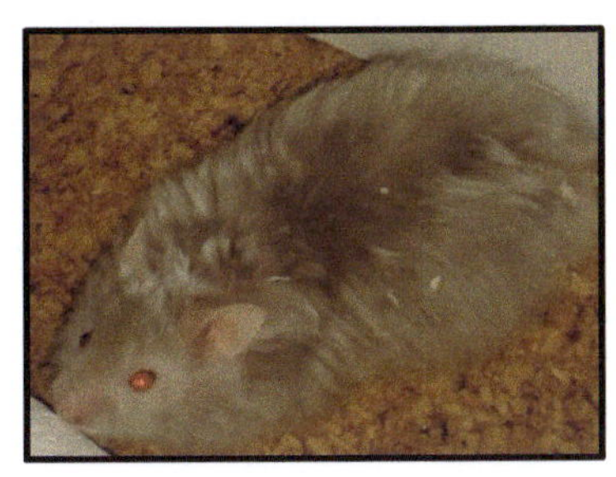

Abbildung 97: Silver Dove Satin Rex

Abbildung 99: Dove [Niljos]

Abbildung 98: Champagne tts [Kelaino]

Abbildung 100: Silver Champagne [Vulpes]

Kombinationsfarben basierend auf ee: (AA ee, Aa ee oder aa ee)

Tabelle 16: Kombinationsfarben (ee)

Genotyp	Phänotyp
bb ee	Caramel
bb ee Sg-	Brown eyed Ivory
bb ee Sg- U-	Silver Chocolate Sable
bb ee U-	Chocolate Sable
ee pp	RE Cream
ee pp Sgsg	RE Ivory
ee pp SgSg	RE White
ee pp U-	Mink
ee Sgsg	BE Ivory
ee SgSg	BE White
ee Sg- U-	Silver Sable
dd ee Sg- U-	Silver Blue Sable
dd ee U-	Blue Sable

Hilfestellung zur Erkennung der Farben:

Die Augenringe und das Unterfell von verdunkelten Farben (Umbrous) entsprechen dem Farbton ohne Verdunkelung. Beispiel: Silver Sable (ee Sgsg U-) hat ein Unterfell und Augenringe in der Farbe Ivory (ee Sgsg).

Durch das Allel Sg wird die Fellfarbe aufgehellt. Beispiel: Ivory (ee Sgsg) ist heller als Cream (ee). Bei verdunkelten Farben ist dieser Effekt am Oberfell schlechter zu erkennen, jedoch sehr gut an den Augenringen und am Unterfell.

Ob Sg homo- oder heterozygot vorliegt, ist bei den verdunkelten Farben nicht zu erkennen. Bei Genkombinationen mit ee und dunklen Augen ist der Unterschied gut zu erkennen. Während ein Ivory (ee Sgsg) ein elfenbeinfarbenes Fell hat, (Dunkelheit kann von fast weiß bis hellbeige variieren) hat ein White-Hamster (ee SgSg) wirklich rein weißes Fell. An den Ohren können dunkeläugige Hamster, die zusätzlich bb tragen, erkannt werden. Die Ohren sind dann bräunlich und verfärben sich erfahrungsgemäß langsamer als bei Tieren, die kein bb tragen.

Abbildung 102: BE Ivory + Caramel Satin

Abbildung 101: Brown eyed Ivory

Abbildung 103: Silver Choco Sable Satin

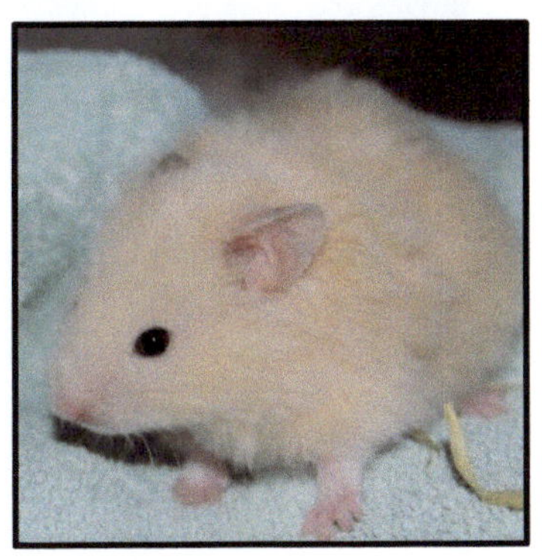

Abbildung 104: Caramel

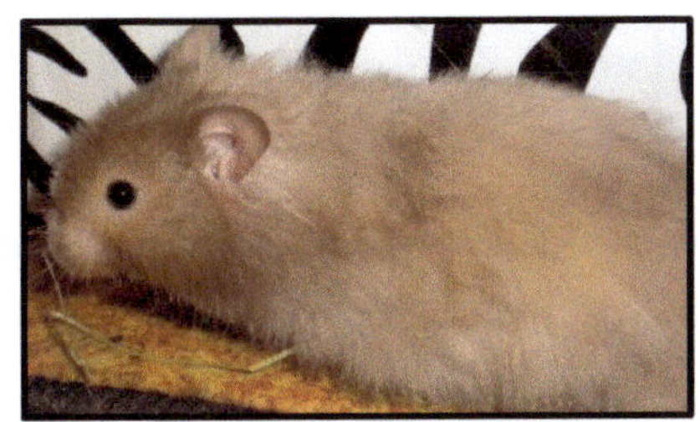

Abbildung 105: Choco Sable

Abbildung 107: BE White Satin

Abbildung 106: RE Ivory

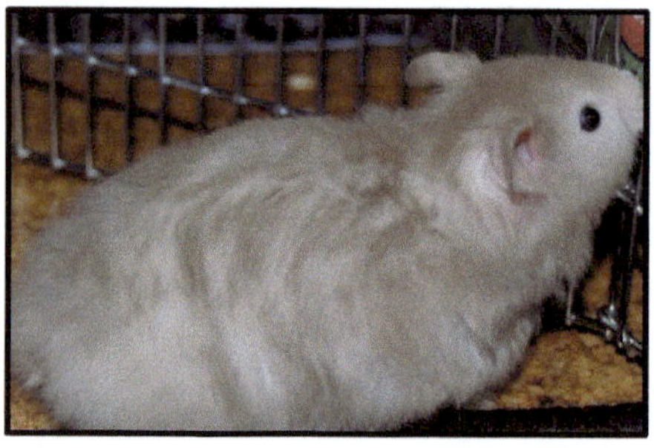

Abbildung 108: Silver Choco Sable

*Abbildung 110: Silver
Blue Sable [Kelaino]*

Abbildung 109: Mink [Niljos]

80

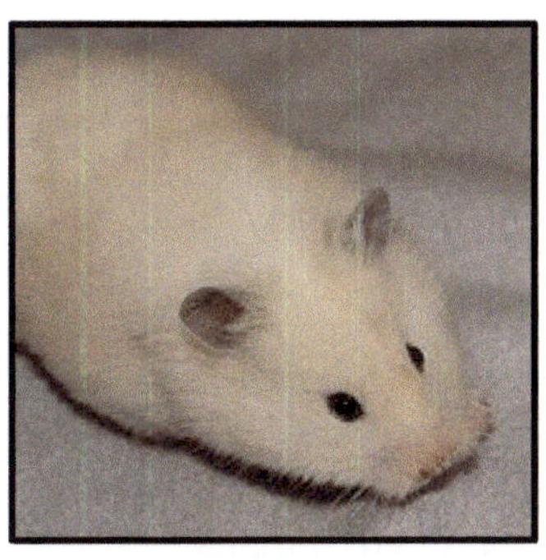

*Abbildung 111: BE Ivory
[Vulpes]*

Abbildung 112: Brown eyed Ivory Satin

Abbildung 114: Blue Sable Satin [Kelaino]

Abbildung 113: Silver Sable

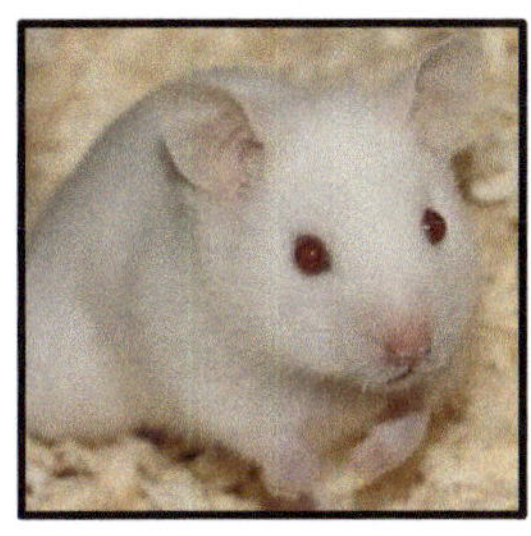

Abbildung 116: RE White [Vulpes]

Abbildung 115: Silver Sable Satin

Bei Hamstern des gleichen Phäno- oder Genotypen kann die Farbe
dennoch unterschiedlich ausfallen. Intensität und Dichte der Pigmente
sind stark vom einzelnen Individuum abhängig. Gerade bei cream-
basierten Farben sind mir im Laufe meiner Zucht stark unterschiedliche
Intensitäten aufgefallen. Gewünschte Farberscheinungen können wohl
durch selektive Zucht verfestigt werden. Satin und lange Haare
verändern generell die Farberscheinung. Durch Satin wirkt die Fellfarbe
intensiver und durch die langen Haare heller. Manchmal ändern sich der
Farbton oder die Intensität mit dem Alter. Beispiele: Cream/Caramel
wird meiner Erfahrung nach in den ersten Lebensmonaten meist
intensiver. Sable zeigt mit dem Alter mehr Unterfell. Die Farben Dove
und Black werden im Alter bräunlicher (Seite 51; Abbildung 30/31).

Abbildung 117: Silver Choco Sable

*Abbildung 118: Silver
Choco Sable Satin*

*Abbildung 120: Caramel Satin
(Gwenda) jung*

*Abbildung 119: Caramel
Satin (Gwenda)
ausgewachsen*

5.2. __Fell-Zeichnungen__

Die "Zeichnungsgene" Banded, Dominant Spot, Recessive Dappled,
Roan und Piebald verursachen sowohl bei Agouti- als auch bei Selffarben einen rein weißen Bauch (auch das Unterfell!) und helle Flecken an
den Ohren. Der Weißanteil im Fell und das Ohrenmuster sind hierbei individuell. Es gibt auch Hamster bei denen keine oder kaum helle Flecken
an den Ohren sind.

__Banded (BaBa/Baba):__ Vererbung dominant-rezessiv

Diese Hamster haben ein weißes Band um die Körpermitte. Das Band
kann in der Breite stark variieren. Das Band kann auch unregelmäßig
und unterbrochen sein.

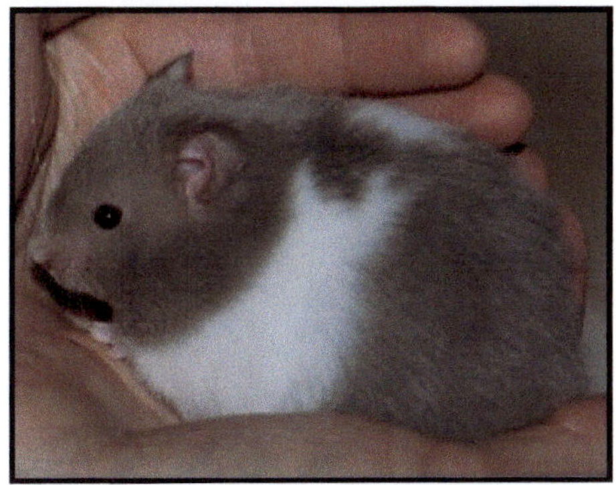

Abbildung 121: Dove Banded

__Dominant Spot (Dsds)__: Vererbung dominant-rezessiv

Das Allel Ds verursacht weiße Flecken auf der Grundfarbe. Der Weißanteil kann stark variieren. Gemeinsam ist immer eine weiße Blesse oder
ein weißer Stirnfleck. Das Allel Ds ist letal. In homozygoter Form ist das
Tier nicht überlebensfähig.

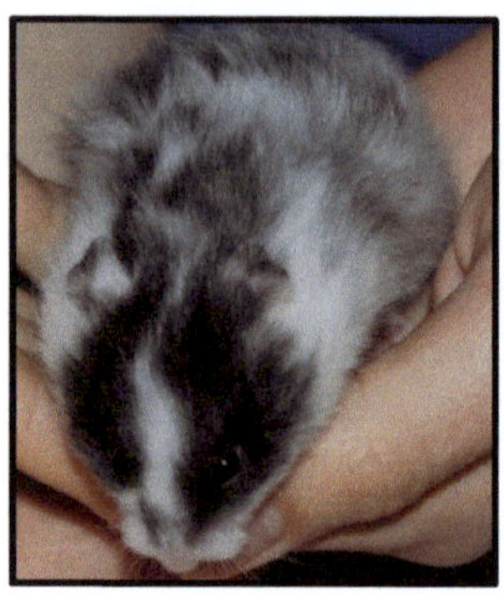

Abbildung 123: Black Ds mit hohem Weißanteil

Abbildung 122: Black Ds mit geringem Weißanteil

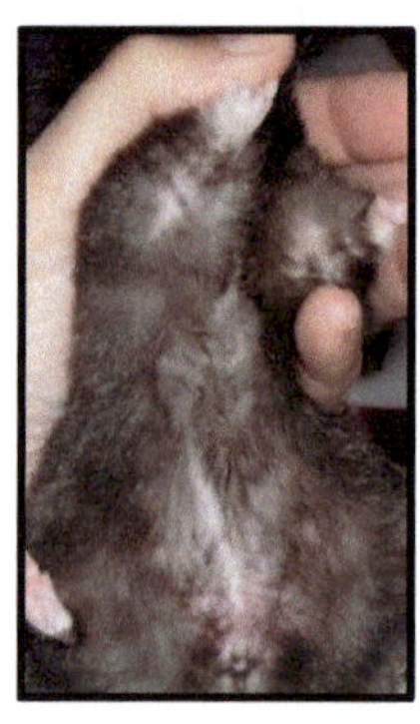

Abbildung 124: Bauch Black (ohne Zeichnung) [Niljos]

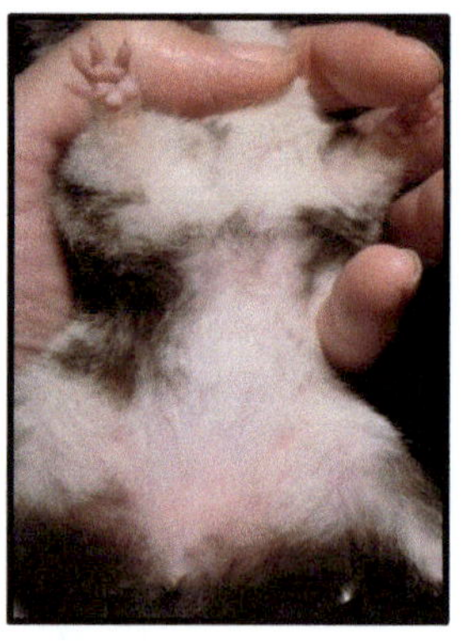

Abbildung 125: Bauch Black Ds [Niljos]

Abbildung 126: Cream Ds Ba

Gerade bei sehr hellen Farben sehen Dominant Spot Tiere vorwiegend weiß aus. Hamster, die Ba- Dsds sind, haben meist einen sehr hohen Weißanteil.

Recessive dappled (rdrd): Vererbung dominant rezessiv

Der Hamster hat eine weiße Blesse, einen weißen Rücken und weiße Schultern. Das Hinterteil bleibt farbig.

Piebald/Spotted (ss): Vererbung dominant rezessiv

Optisch gleicht der Hamster einem Dominant Spot Hamster. Der Unterschied ist, dass auf dem weißen Bauch farbige Flecken sind. Das rezessive Allel gilt heute als ausgestorben.

Weißbauch/Roan: (Whwh): Vererbung dominant rezessiv

Das Allel Wh ist semi-letal. Das Allel Wh verursacht einen weißen Bauch. Zu beachten ist jedoch, dass Hamster mit Zeichnungsgenen ebenfalls einen weißen Bauch haben. Daher gilt bei der Verpaarung zweier Hamster mit Zeichnungsgenen immer besondere Vorsicht. Besonders ohne ausführlichen Stammbaum kann keine Aussage getroffen werden ob das Tier Wh trägt.

Die reinerbige Form WhWh wird als "Anophthalmic White" oder „Eyeless White" bezeichnet. Die Hamster werden ohne oder mit stark zurückgebildeten Augen geboren und sind nicht lange überlebensfähig.

Bei cream-basierten Farben wird Whwh als Roan bezeichnet. Die Hamster haben weißes Fell das mit farbigen Stichelhaaren durchsetzt ist.

Besondere Gene:

Polywhite (whpwhp): Vererbung dominant rezessiv

Bei einem Dominant-Spot-Hamster, der zusätzlich whpwhp trägt, wird der Weißanteil stark erhöht. Solche Hamster werden auch als "Dalmatiner-Hamster" bezeichnet.

Bei Selffarben in uni werden die weißen Flecken an Bauch und Brust vergrößert. Abbildung 129 zeigt den sehr hohen Weißanteil am Bauch eines Black-Hamsters. Natürlich kann der Weißanteil stark variieren, sodass es nicht immer leicht ist einen Polywhite-Hamster zu erkennen.

Agoutifarben haben generell einen hellen Bauch was die Erkennung erschwert.

Abbildung 127: Choco Polywhite Ds [Sweetness]

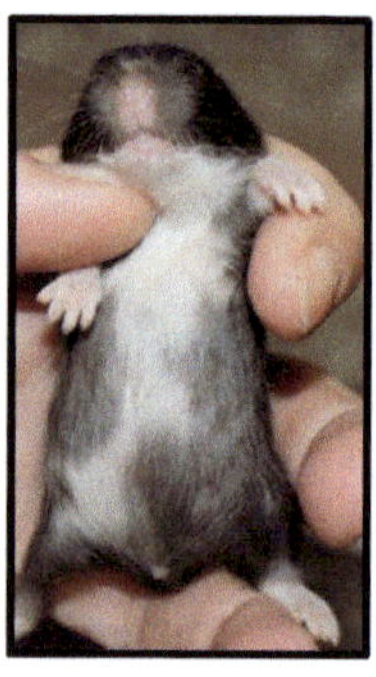

Abbildung 129: Bauch Black Polywhite [Sweetness]

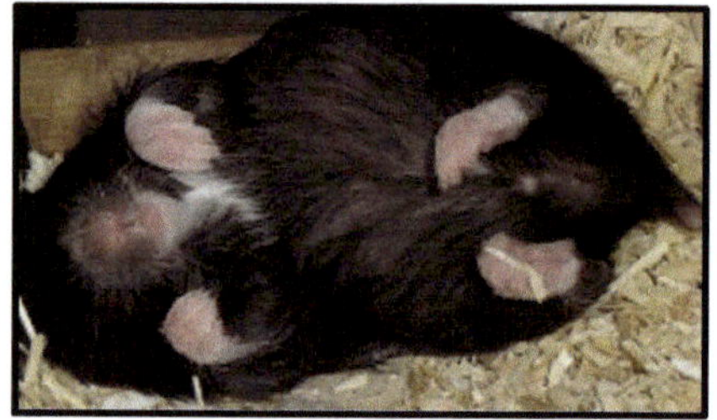

Abbildung 128: Bauch Black ohne Polywhite [Niljos]

<u>Mosaik:</u> Vererbung unklar

Diese Farbe ist sehr selten und tritt gewöhnlich bei Cream-farbenen Hamstern auf. Die Hamster haben im Fell schwarze Haare. Der schwarze Fleck kann aus einzelnen Haaren bestehen oder aber die Größe eines Fingernagels erreichen. Die Art der Vererbung ist noch nicht geklärt.

86

5.3. <u>Fellarten</u>

Bei Goldhamstern gibt es unterschiedliche Haarstrukturen.

Kurzhaar (LL/Ll): Vererbung dominant-rezessiv

Der Wildtyp hat kurzes Haar. Das Haar soll dicht und kräftig gefärbt sein.

Abbildung 130: Kurzhaar (Golden Banded tts)

Langhaar = Teddyhamster (ll): Vererbung dominant-rezessiv

Männliche Teddyhamster haben wesentlich längere Haare als weibliche Tiere. Weibchen werden nur etwas plüschiger als Kurzhaarhamster. Sie haben "Antennen" (lange Haarsträhnen) hinter den Ohren und am Hinterteil. Durch die längeren Haare eines Teddyhamsters wirkt die Fellfarbe aufgehellt und Zeichnungsmuster wirken verwaschener und verlieren ihre Struktur. Die Haare sind weniger dicht. Insbesondere Satinhamster können etwas lichter wirken und einen schwächeren Glanz als Kurzhaarhamster zeigen.

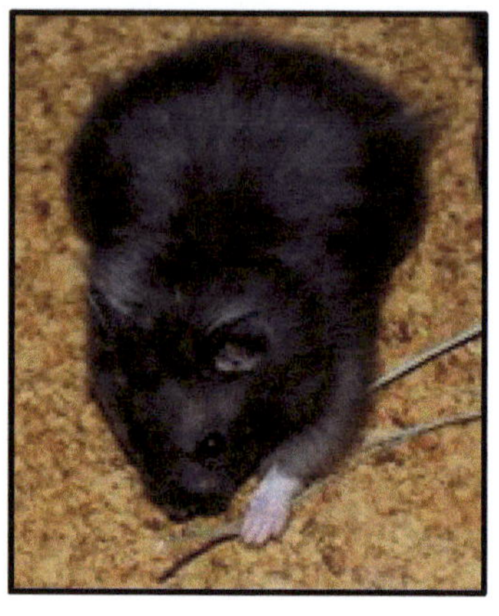

Abbildung 132: Teddyfrau

Abbildung 131: Teddymann

*Abbildung 133: Teddyhamster Ba
[Kelaino]*

*Abbildung 134: Teddyhamster Ds
[Kelaino]*

Die Länge des Felles variiert bei den Hamstermännern sehr stark. Allein durch die Länge der Haare kann aber keine Aussage über den Gesundheitszustand des Tieres getroffen werden.

<u>**Satin (Sasa):**</u> Vererbung dominant-rezessiv

Das Allel Sa verursacht ein glänzendes Fell und die Farbe wirkt kräftiger und intensiver. Die Haare werden aber auch dünner. Je heller die Farbe ist, desto besser zeigt sich der Glanz. Bei dunklen Farben ist das Satinfell oft kaum zu erkennen.

Abbildung 135: BE White Satin

Abbildung 136: BE White

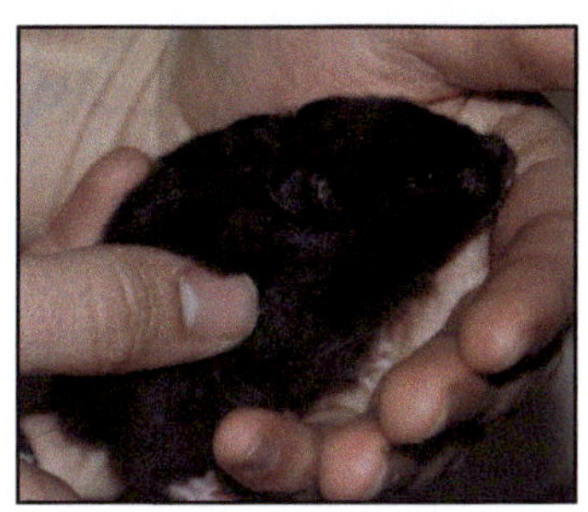

Abbildung 138: Black Satin

Abbildung 137: Black

Am besten erkennbar ist das Satin bei dunklen Farben am Bauch/Hals im Weißbereich.

Wichtig: Es dürfen niemals zwei Satinhamster verpaart werden. Hamster, die das Allel in homozygoter Form tragen (SaSa), bekommen sehr dünne Haare oder sogar Haarausfall.

<u>Rex (rxrx):</u> Vererbung dominant-rezessiv

Das rezessive Allel rx verursacht eine Kräuselung von Körperhaaren, Vibrissen und Wimpern. Die Stärke der Kräuselung kann unterschiedlich ausfallen. Durch die Einkräuselung der Vibrissen können Orientierungsprobleme nicht ausgeschlossen werden. Zudem können sich stark gekräuselte Wimpern in die Augen biegen und zu Reizungen führen. Ich konnte bei meinen Rex-Hamstern bisher keine Probleme feststellen. Vermutlich kommt es erst bei sehr starker Kräuselung zu Einschränkungen oder körperlichen Problemen. Die Kräuselung meiner Tiere war immer nur sehr gering ausgefallen. Ich hatte bisher nur Rex-Nachwuchs von Hamstern, die das Allel heterozygot (Rxrx) trugen. Aufgrund der möglichen Probleme züchte ich Rex nicht gezielt. Da es sich jedoch um ein rezessives Allel handelt, kann Rex immer unerwartet fallen. Ebenso ist auch bei der Hamsterzucht Vulpes Rex zufällig gefallen. Probleme konnten auch hier nicht festgestellt werden.

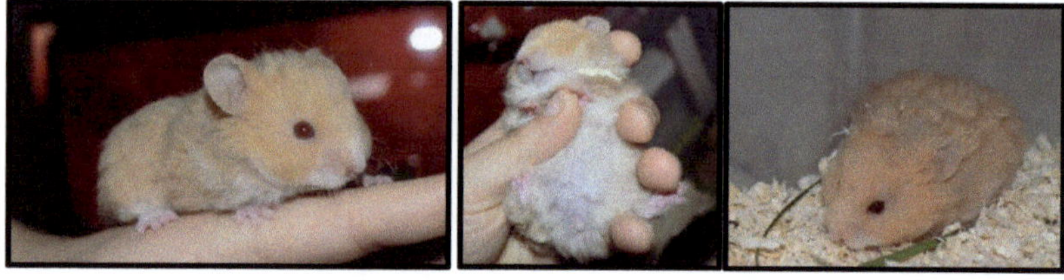

Abbildung 139: Cinnamon Rex [Vulpes]

<u>Hairless (hrhr):</u> Vererbung dominant rezessiv

Hairless gilt als eine Qualzucht. Der Hamster ist nackt und die Vibrissen sind teilweise gekräuselt.

5.4.   <u>Augenfarbe</u>

Die Augenfarbe der Wildform ist schwarz. Neben schwarzen Augen gibt es aber noch weitere Augenfarben bei Hamstern. Bestimmte Gene beeinflussen neben der Pigmentierung des Felles auch die Pigmentierung der Augen.

<u>Rot:</u>

Rote Augen können durch unterschiedliche Gene ausgelöst werden. Die Intensität des Rottons ist von den Genen des Hamsters abhängig.

cdcd: Eine Pigmentbildung in den Augen wird verhindert. Die Augen dunkeln auch mit zunehmendem Alter nicht nach. Da das Gen epistatisch ist, haben Hamster mit cdcd immer hellrote Augen, egal wie der restliche Gencode lautet.

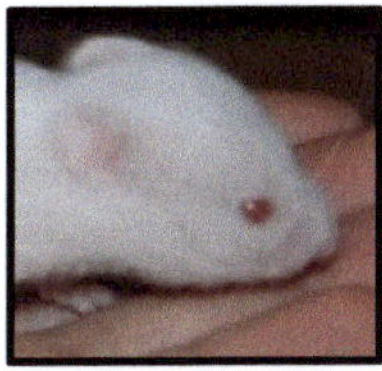

Abbildung 140: DEW ca. 16 Tage

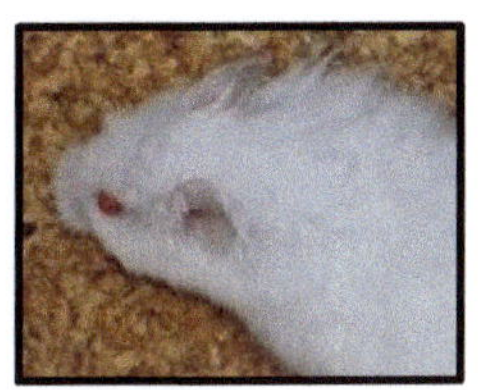

Abbildung 141: DEW ca. 7 Wochen

pp: Bei der Geburt haben die Hamster hellrote Augen. Das Allel p reduziert die Bildung der dunklen Pigmente im Auge.

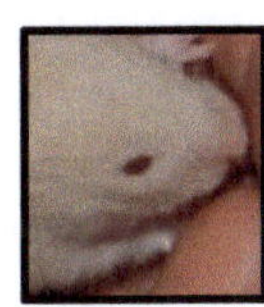

Abbildung 142: RE Cream ca. 16 Tage

Abbildung 143: RE Cream ca. 6 Wochen

Reste der Pigmente verbleiben aber im Auge und nehmen im Alter zu, wodurch die Augen nachdunkeln. Je nach Fellfarbe unterscheidet sich der Rotton. Die Augen können bei einigen Fellfarben fast schwarz werden (z.B. RE Rust). Das Nachdunkeln dauert einige Monate. In Kombination mit Silver Grey erfolgt generell nur ein geringes Nachdunkeln.

Dsds: Es kann zu einer leichten rötliche Aufhellung der Augen kommen. Besonders wenn der Bereich um die Augen herum weiß ist fällt dies auf.

ruru: Die Hamster bekommen rubinrote Augen, eine verdünnte Fellfarbe und eine Sterilität der Männchen ab der 10. Lebenswoche. Das rezessive Allel gilt als ausgestorben.

Braun: bb

Das Allel b verursacht braune Augen. Die Augen werden aber sehr dunkel und sind von den schwarzen Augen selbst kurz nach der Geburt kaum zu unterscheiden.

Odd eyed:

Die Vererbung des Gens ist unklar. Odd eyes treten in Verbindung mit Zeichnungsgenen auf. Die Augenfarbe ändert sich dann zu einem rot, welches nicht mehr nachdunkelt. Meist ist nur ein Auge davon betroffen. Wenn das Tier pp trägt ist das betroffene Auge heller als bei Tieren mit PP/Pp. Bei Hamsterbabys mit roten Augen (pp) sind mir Odd eyes oft erst dann aufgefallen, wenn das andere Auge aufgrund des Alters nachgedunkelt war. Ich hatte auch schon Hamster mit zwei Odd eyes.

Zusammengefasst: Bestimmte Gene verändern die schwarze Augenfarbe. Trägt der Hamster pp, hat dieser immer rote Augen, egal wie der restliche Gencode lautet. Die Intensität des Rottons jedoch ist abhängig von den anderen vorhandenen Genen. Ein Hamster, der bb pp trägt, hat also keine braunen, sondern rote Augen.

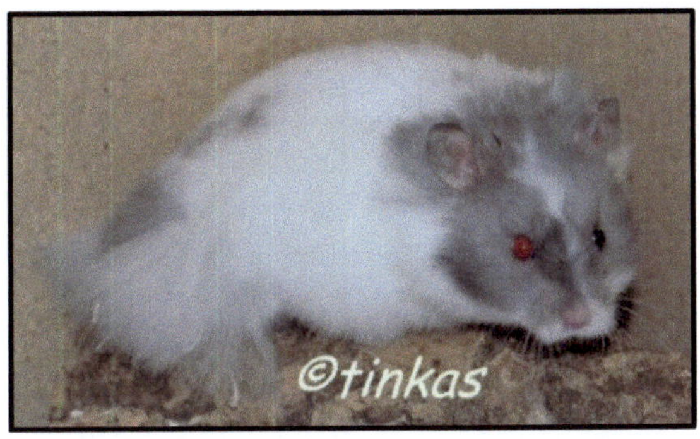

Abbildung 144: Odd eyed bei Fellfarbe Blue [Tinka's Teddyhamster]

Ob der Hamster rote oder dunkle Augen hat kann bereits kurz nach der Geburt festgestellt werden, da die Farbe durch das haarlose Augenlid schimmert (Abbildung 168, Seite 118).

5.5. Ohrenfarben

Dunkelgrau ist die Ohrenfarbe der Wildform. Die meisten Hamster haben dunkelgraue Ohren. Einige Gene beeinflussen die Pigmentierung in den Ohren.

Braun: bb

Das Allel b verursacht braune Ohren.

Hell: pp

Alle Hamster, die pp tragen, haben helle Ohren. Die schwarze Pigmentbildung in den Ohren wird stark eingeschränkt. Der Farbton kann je nach Fellfarbe von fleischfarben bis zu hellbraun-grau hin variieren. Hellere Fellfarben haben in der Regel hellere Ohren. Mit dem Alter werden die Ohren in der Regel etwas dunkler.

schwarz: aa

Black-Hamster haben schwarze Ohren.

Abbildung 147: Ohr dunkelgrau (ee)

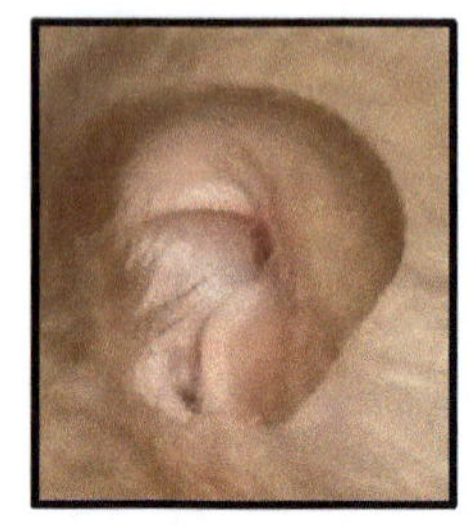

Abbildung 146: Ohr braun (bb ee U-)

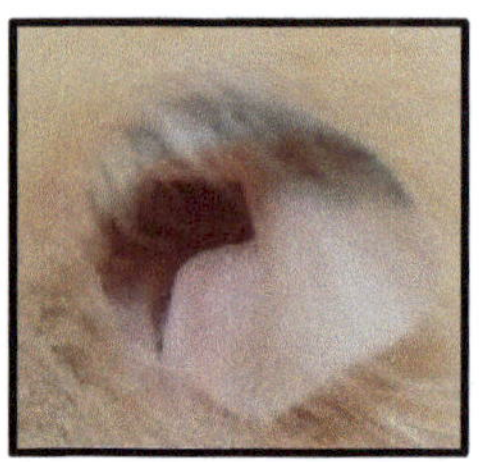

Abbildung 145: Ohr Zeichnungsgen (Ba-ee)

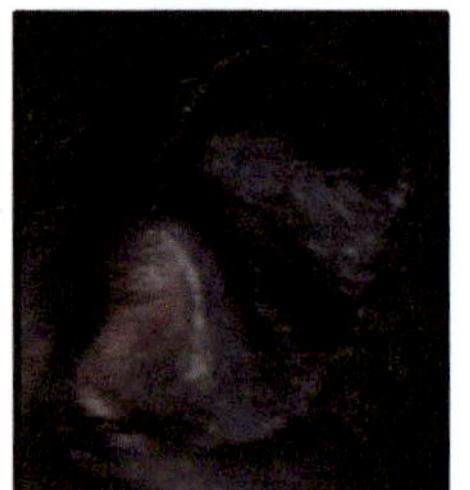

Abbildung 148: Ohr schwarz (aa)

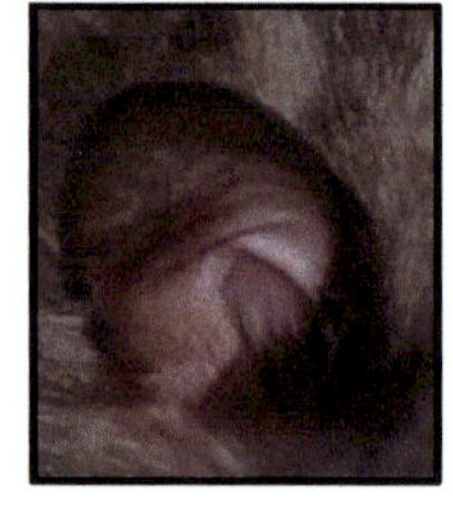

Abbildung 149: Ohr braun (aa bb Sgsg)

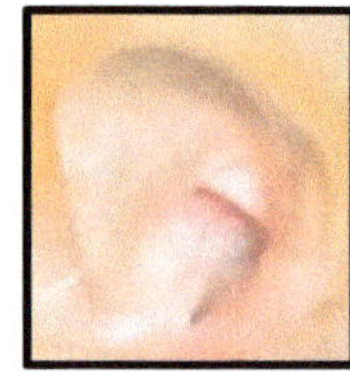

Abbildung 150: Ohr unpigmentiert (ee pp)

Gefleckte Ohren: (Dsds, Ba-, rdrd, Whwh, ss)

Zeichnungsgene führen zu gefleckten Ohren. Helle Flecken kommen zur eigentlichen Ohrenfarbe hinzu.

Zusammengefasst: Bestimmte Gene verändern die graue Ohrenfarbe. Je nach Genkombinationen fällt die Pigmentbildung der Ohren anders aus. Ein Choco Sable (bb ee U-) hat z.B. hellere Ohren als ein Hamster in Choco (aa bb). Trägt der Hamster pp, hat dieser immer helle Ohren, egal wie der restliche Gencode lautet. Der Farbton kann hier jedoch stark variieren. Zum Beispiel haben Hamster der Farbe Dove dunklere Ohren als Hamster in der Farbe RE Ivory.

6. <u>Die Zucht</u>

Der Start einer Hamsterzucht muss unbedingt gut überdacht werden. Vor der Zucht ist es nötig sich ausgiebig mit den Tieren, ihrer artgerechten Haltung und ihrer Genetik zu beschäftigen.

Im Vorfeld sind gewisse Investitionen nötig. Es müssen ausreichend viele Gehege zur Trennung der Tiere zur Verfügung stehen. Empfehlenswert sind mindestens zwei große, freistehende Käfige pro stattfindendem Wurf. Finden mehrere Würfe im gleichen Zeitraum statt, sollte die Anzahl dementsprechend erhöht werden. Zusätzlich sollten einige "Notgehege" für einen kurzen Aufenthalt bei Krankheit, Verletzung oder massivem Streit zwischen Jungtieren zur Verfügung stehen.

Auch die Vermittlung der Tiere in artgerechte Zuhause muss vor dem Zuchtbeginn geplant werden.

Keinesfalls sollten einfach zwei Tiere zusammensetzt werden damit der geliebte Hamster Babys bekommt. So ein Verhalten hat absolut nichts mit Zucht zu tun! Bei diesen unüberlegten Handlungen leiden häufig die Tiere darunter. Für einen seriösen Züchter steht auf keinen Fall die schnelle Vermehrung im Vordergrund. Ein seriöser Züchter hält eine artgerechte Haltung ein und orientiert sich an Grundsätzen, die dem Wohl der Tiere dienen. Zudem haben Züchter in der Regel ein bestimmtes Zuchtziel.

Ich halte mich an folgende Grundsätze:

- Zucht nur mit Tieren bekannter Herkunft und mit vorhandenem Stammbaum
- Zucht nur mit gesunden, kräftigen Tieren mit gutem Charakter
- Zucht nur mit Hamsterweibchen von 4-12 Monaten
- Zucht nur mit Hamstermännchen von ca. 4-18 Monaten
- Erster Wurf der Hamsterweibchen mit spätestens 8 Monaten
- Wurfpausen der Weibchen von mindestens 3 Monaten
- Maximal 1 bis 2 Würfe pro Hamsterweibchen
- Trennung des männlichen Nachwuchses mit ca. 28 Tagen

- Abgabe der Tiere mit frühestens 5 Wochen, ausreichendem Gewicht und gesundem Zustand
- Abgabe der Tiere nur in artgerechte Zuhause
- Abgabe an Kinder unter 16 Jahre nur in Begleitung eines Erziehungsberechtigten
- Gesunde und artgerechte Ernährung der Tiere
- Artgerechte Haltung
- Aufbau eines positiven Menschenbezugs zu den Tieren
- Überlegte Verpaarungen (z.B. bestimmtes Farbziel)

Das folgende Kapitel erläutert die Planung der Zucht, den Ablauf der Verpaarung, die Aufzucht der Jungtiere bis hin zur Abgabe der Jungtiere. Diese Wochen sind sowohl für die Hamstermutter als auch für den Züchter eine unglaublich spannende und beeindruckende Zeit.

6.1. <u>Auswahl der Zuchttiere</u>

Es sollte nicht mit Tieren unbekannter Herkunft gezüchtet werden. Für die Zucht ist es wichtig, dass die Tiere gesund sind, einen kräftigen Körperbau und ein schönes Fell haben. Der Charakter spielt ebenfalls eine Rolle, da dieser vermutlich weitervererbt wird. Es versteht sich also von selbst, dass nicht mit scheuen oder bissigen Tieren gezüchtet werden sollte. Aus diesen Gründen sind die Kenntnis über die Herkunft und die Vorfahren des Tieres wichtig. Die Tiere sollten unbedingt aus einer seriösen Zucht stammen. Leider befindet sich diese nicht immer in unmittelbarer Nähe. Ein persönlicher Besuch ist daher nicht immer möglich. Die Tiere können aber z.B. per Mitfahrzentrale weitere Strecken zurücklegen.

6.1.1. <u>Passende Genotypen/Phänotypen</u>

Für bestimmte Farbziele ist es ungeschickt unpassende Phänotypen/Genotypen zu verpaaren. Wenn möglichst erkennbare Farben erreicht werden sollen, sollten Cream und Umbrous nicht mit Yellow vermischt werden. Umbrous überdeckt tts-Flecken und Cream überdeckt Yellow. So kommt es zu sehr bunten Würfen mit unbekannten Genotypen. Ein Cream und ein Yellow-Cream Hamster sind im Erwachsenenalter nicht mehr zu unterscheiden. Aufschluss kann dann nur noch eine Verpaarung geben. Ungünstige Verpaarungen sind generell Farben welche sehr ähnlich sind, wie z.B. Dark Grey und Silver Grey. Sollen nur bestimmte Farben erreicht werden, sollte die Linie möglichst rein gehalten werden (möglichst nur die gewünschten Allele tragen). Da viele Allele jedoch rezessiv sind, ist es schwer diese ausschließen zu können. Rezessive Allele können sich unbemerkt über viele Generationen weitervererben. So wurde auch ich schon überrascht.

Welches Farbziel ein Züchter hat ist reine Geschmackssache. Einen Zusammenhang zwischen Farbe/Felllänge und Charakter gibt es meiner Erfahrung nach nicht. Der Charakter ist viel mehr von der Linie abhängig. Es muss jedoch nicht immer ein bestimmtes Farbziel sein. Auch Eigenschaften wie Körperbau spielen eine wichtige Rolle in der Zucht.

6.1.2. <u>Zu vermeidende Verpaarungen</u>

Vorsicht bei folgenden Verpaarungen:

- Es dürfen niemals zwei Satinhamster (Sasa) verpaart werden. Tiere, die das Allel Sa homozygot tragen, haben extrem dünnes Fell oder sogar Haarausfall.
- Vorsicht bei der Verpaarung von zwei Rex-Hamster (rxrx). Die Kräuselung der Haare kann dann wohl sehr stark ausfallen. Bei Rex-Hamstern ist immer auf die Stärke der Kräuselung zu achten.

- Es dürfen keine zwei Hamster, die das Allel Wh tragen, verpaart werden. Daher gilt auch besondere Vorsicht bei Hamstern mit Zeichnungsgenen, da hier das Vorhandensein des Allels Wh nicht so einfach ausgeschlossen werden kann.
- Es dürfen keine zwei Dominant Spot Hamster verpaart werden, da das Allel Ds in homozygoter Form letal ist.
- Es dürfen keine zwei Light Grey Hamster verpaart werden, da das Allel Lg in homozygoter Form letal ist.

Selbstverständlich dürfen nur gesunde und kräftige Tiere im richtigen Alter verpaart werden. Hamster können bereits mit 4 Wochen geschlechtsreif werden. Ein Hamsterweibchen sollte aber nicht mit dem Eintreten der Geschlechtsreife verpaart werden, sondern je nach Entwicklung erst ab 4 Monaten. Das Weibchen sollte körperlich ausgereift, kräftig und gesund sein, damit es später ausreichend Kraft für die Schwangerschaft, Geburt und Aufzucht der Jungen hat. Bei zu jungen Weibchen kann es zu Problemen in der Schwangerschaft, bei der Geburt oder der Aufzucht der Jungen kommen. Bei Weibchen, die älter als 8 Monate sind und noch keinen Wurf hatten, kann es ebenfalls zu körperlichen Problemen kommen, weshalb diese nicht mehr gebären sollten.

Ebenfalls sollte darauf geachtet werden, dass die Tiere keine Deformationen haben. Ein Beispiel dafür ist der sogenannte "Knickschwanz". Hamster mit Knickschwanz sollten nicht zur Zucht eingesetzt werden. Ein Knickschwanz hat eine tastbare Knickstelle und zeigt nach oben. Probleme haben diese Tiere in der Regel nicht. Auch mit nahen Verwandten (Geschwister, Eltern) sollte nicht weitergezüchtet werden, da dieser Defekt weitervererbt werden und die Deformation zunehmen könnte. Ein Knickschwanz kann aber auch durch einen Schwanzbruch entstehen. Da der Unterschied zur angeborenen Deformation schwer erkennbar ist sollte bei Unklarheiten eine Weiterzucht mit diesen Tieren unterlassen werden.

6.1.3. <u>Gesundheitszustand der Tiere</u>

Leider kann ein Hamster erkranken oder sich verletzen, was einen Besuch beim Tierarzt nötig macht. Bereits bei der Anschaffung ist es wichtig die Vitalität des Tieres zu prüfen. Seriöse Züchter geben die Tiere nur ab, wenn sich diese in einem gesunden Zustand befinden. Zudem achten Züchter darauf, dass die Elterntiere gesund sind. Eine allgemeine Gesundheitskontrolle der Tiere ist vor der Zucht und dem Verkauf immer ratsam.

Jedoch ist auch der Einzug eines gesunden Hamsters noch keine Garantie dafür, dass das Tier gesund bleiben wird. Auch wenn die Elterngenerationen gesund waren und ein hohes Alter erreicht haben, kann das Tier dennoch schwer erkranken. Das Risiko genetisch veranlagter Erkrankungen wird durch eine gesunde Linie reduziert.

Bei Krankheiten, welche womöglich auf genetischen Veranlagungen beruhen (z.B. Herzfehler, Diabetes, Krebs), sollte mit dem Tier und ggfs. nahen Verwandten nicht mehr gezüchtet werden.

Sehr gefährlich in der Zucht sind ansteckbare Krankheiten wie z.B. die Nassschwanzkrankheit oder LCM.

<u>Nassschwanzkrankheit:</u>

Die Nassschwanzkrankheit (wet-tail) ist eine Durchfallerkrankung bei jungen Hamstern. In der Regel sind Hamster unter 8 Wochen betroffen. Das Fell im Bereich des Schwanzes ist feucht und eventuell kann es zum Mastdarmvorfall kommen. Die Krankheit ist sehr ansteckend für andere Junghamster. Der komplette Wurf ist bei dem Ausbruch der Krankheit bedroht. Falsche Ernährung, Futterumstellung, Stress oder mangelnde Hygiene können die Krankheit begünstigen. Heilungschancen bestehen bei frühzeitiger Behandlung bei etwa 50 Prozent. Ohne Behandlung endet die Krankheit normalerweise innerhalb weniger Tage tödlich. Bei Auftreten der Krankheit sollte sofort der Tierarzt kontaktiert werden.

<u>LCM:</u>

Die Zoonose Lymphozytäre Choriomeningitis (LCM) kann beim Hamster symptomlos ablaufen und heilt normalerweise innerhalb von 3 Wochen aus. Erkältungen, Bindehautentzündungen,

Lähmungserscheinungen und Krämpfe können beim Hamster Anzeichen
für eine akute Infektion sein. Eine Diagnose ist beim lebenden Tier
schwer. Der Test ist durch Antikörper im Blut möglich. Eine Ansteckung
vom Tier auf den Menschen erfolgt durch Kot, Urin, Speichel oder
Tränenflüssigkeit. Allgemein tritt die Krankheit bei Jungtieren bis zu
einem halben Jahr auf. Bei älteren Tieren konnte der Erreger laut
Fachliteratur noch nicht nachgewiesen werden.
Steckt sich der Mensch bei dem Tier an verläuft die Infektion meistens
harmlos mit grippalen Symptomen. In seltenen Fällen entsteht bei
längerer Erkrankung eine Meningitis. Nach einer durchgemachten
Infektion sind Antikörper im Blut nachweisbar. Sehr gefährlich ist eine
Ansteckung in der Schwangerschaft. Das Virus kann auf den Fötus
übertragen werden und zu Fehlgeburt oder Missbildungen führen. Bei
vorliegender oder geplanter Schwangerschaft sollte dieses Thema mit
einem fachkundigen Tierarzt und/oder Frauenarzt abgeklärt werden.

Hamster sollten immer aus LCM-freien Zuchten stammen. Diese
Krankheit ist bei Hamstern heutzutage selten. Wird jedoch ein Fall in der
Zucht bekannt, darf mit dem Stamm keinesfalls weitergezüchtet werden.

Wenn ein Tier in der Zucht erkrankt ist, ist es sehr wichtig für gründliche
Hygiene zu sorgen, damit sich die anderen Tiere nicht anstecken können.

6.1.4. <u>Inzucht</u>

Als Inzucht wird die Verpaarung relativ näher Blutsverwandter bezeichnet. Diese dient in der Zucht zur Erzeugung von reinerbigen Nachkommen. Das Ziel hierbei ist die Festigung von bestimmten Merkmalen wie
Farben, Körperbau oder Haarstruktur. Ohne Inzucht hätte die Farbenviel-
falt der Hamster nicht entstehen können. In der Tierzucht erfolgt meist
eine Geschwisterverpaarung oder Rückverpaarung (Elternteil mit Kind).
Inzucht sollte nur von erfahrenen Züchtern vorgenommen werden, da
diese gewisse Risiken mit sich bringt. Es kann zur Inzuchtdepression
kommen. Genetisch reinerbige Tiere können eine geringere Vitalität und
Widerstandsfähigkeit gegen Krankheiten haben. Daher ist eine ausrei-

chende Kenntnis über die Linie nötig. Wichtig ist es immer wieder andere Gene (nicht verwandte Tiere) in die Linie zu verpaaren. Durch die neue Genvielfalt wird die Vitalität bewahrt.

Grundlos sollte keine Inzucht betrieben werden. Generell sollte eine Verpaarung unter nahen Verwandten vermieden werden.

6.1.5. <u>Stammbaum</u>

Anhand eines Stammbaums kann das passende Zuchtpaar gewählt werden. Gene und Verwandtschaftsgrad werden dadurch ersichtlich. Das Vorhandensein von rezessiven Allelen kann trotz Stammbaum nicht immer ausgeschlossen werden. Ein seriöser Züchter sollte von jedem Tier einen Zuchtnachweis in Form eines Stammbaumes besitzen. Für eigene Nachzuchten sollte jeweils ein Stammbaum erstellt werden. Der Stammbaum sollte am besten bis zu den Urgroßeltern reichen. Die meisten Stammbäume werden nach der 4. Generation abgeschnitten. Stammbäume werden individuell gestaltet und enthalten in der Regel folgende Informationen:

Wurfnummer oder Wurfname, Name und Zucht des Tieres, Geschlecht, Geburtsdatum, Farbe und Gencode. Abbildung 151 zeigt eine Vorlage meiner Stammbäume.

Die meisten Züchter schreiben den Titel der Zucht als Vortitel oder hängen es dem Hamsternamen als "von" oder "of" an. Meine Tiere bekommen stets den Vortitel Sabsis` an den eigentlichen Namen angehängt

<table>
<tr><td rowspan="17">Sabsis'
Name des Hamsters

Farbbezeichnung

Gencode

Geburtsdatum</td><td colspan="2">Mutter</td><td>Großmutter</td><td>Urgroßmutter</td></tr>
<tr><td colspan="2" rowspan="4">Zucht
Name des Hamsters

Farbbezeichnung

Gencode

Geburtsdatum</td><td rowspan="2">Zucht
Name des Hamsters
Farbbezeichnung
Gencode</td><td>Zucht
Name des Hamsters
Farbbezeichnung
Gencode</td></tr>
<tr><td>Urgroßvater</td></tr>
<tr><td rowspan="2"></td><td>Zucht
Name des Hamsters
Farbbezeichnung
Gencode</td></tr>
<tr><td>Großvater</td><td>Urgroßmutter</td></tr>
<tr><td colspan="2" rowspan="2">Zucht
Name des Hamsters
Farbbezeichnung
Gencode</td><td rowspan="2"></td><td>Zucht
Name des Hamsters
Farbbezeichnung
Gencode</td></tr>
<tr><td>Urgroßvater</td></tr>
<tr><td colspan="2"></td><td></td><td>Zucht
Name des Hamsters
Farbbezeichnung
Gencode</td></tr>
<tr><td colspan="2">Vater</td><td>Großmutter</td><td>Urgroßmutter</td></tr>
<tr><td colspan="2" rowspan="4">Zucht
Name des Hamsters

Farbbezeichnung

Gencode

Geburtsdatum</td><td rowspan="2">Zucht
Name des Hamsters
Farbbezeichnung
Gencode</td><td>Zucht
Name des Hamsters
Farbbezeichnung
Gencode</td></tr>
<tr><td>Urgroßvater</td></tr>
<tr><td rowspan="2"></td><td>Zucht
Name des Hamsters
Farbbezeichnung
Gencode</td></tr>
<tr><td>Großvater</td><td>Urgroßmutter</td></tr>
<tr><td colspan="2" rowspan="2">Zucht
Name des Hamsters
Farbbezeichnung
Gencode</td><td rowspan="2"></td><td>Zucht
Name des Hamsters
Farbbezeichnung
Gencode</td></tr>
<tr><td>Urgroßvater</td></tr>
<tr><td colspan="2"></td><td></td><td>Zucht
Name des Hamsters
Farbbezeichnung
Gencode</td></tr>
</table>

Abbildung 151: Musterstammbaum von Sabsis-Hamster

Wie es für Züchter traditionell ist, bekommen alle Nachkommen des 1. Wurfes meiner Zucht einen Namen mit A. Weitere Würfe werden in Reihenfolge des Alphabets benannt. Nach Vollendung des Alphabets wird dann mit einer neuen Alphabet-Reihe (A2, usw.) begonnen.

6.2. <u>Geschlechtsmerkmale</u>

Sowohl weibliche als auch männliche Hamster können sehr zahm werden. Natürlich hängt dies stark von der Zuwendung des Halters, den gemachten Erfahrungen des Tieres und seinem Charakter ab. Meiner Erfahrung nach sind Weibchen meist agiler und frecher, während Männchen etwas ruhiger und zurückhaltender sind. Ich konnte auch feststellen, dass Männchen meist etwas länger schlafen als Weibchen. Natürlich sind diese Tatsachen aber auch unabhängig vom Geschlecht individuell auf den Charakter des einzelnen Tieres zurückzuführen.

Bei einigen anderen Tierarten wird die Haltung von Weibchen stark bevorzugt, da unkastrierte Männchen durch das Markieren stark riechen können. Goldhamster sind aber generell sehr geruchsneutral. Männchen riechen sogar noch weniger als Weibchen. Läufige Weibchen entwickeln einen gewissen Geruch. Dieser Geruch wird normalerweise vom Halter nicht als störend empfunden. Ich konnte noch nie feststellen, dass dieser Geruch sich im Raum verteilt. Der Geruch ist nur teilweise beim Anfassen des Tieres wahrnehmbar - als störend empfinde ich das jedoch nicht.

Von oben betrachtet haben Weibchen ein runderes und Männchen ein spitzeres Hinterteil. Männchen haben einen größeren Abstand zwischen Geschlechtsöffnung und Afteröffnung als Weibchen. Bei Weibchen lässt sich außerdem bei genauerer Betrachtung die spaltförmige Scheide erkennen.

Besonders leicht ist das Geschlecht in einem Alter von ca. 10 Tagen anhand des Abstandes der Öffnungen zu erkennen. Durch das fehlende Bauchfell ist in diesem Alter ein uneingeschränkter Blick auf die Geschlechtsteile möglich. Gerade bei Teddyhamstern kann es mit fortschreitendem Alter durch die Behaarung etwas schwerer werden das Geschlecht zu bestimmen. Bei männlichen Hamstern sind ab ca. 4 Wochen die Hodensäcke gut zu erkennen.

In Abbildung 152 ist links ein Männchen und rechts ein Weibchen dargestellt.

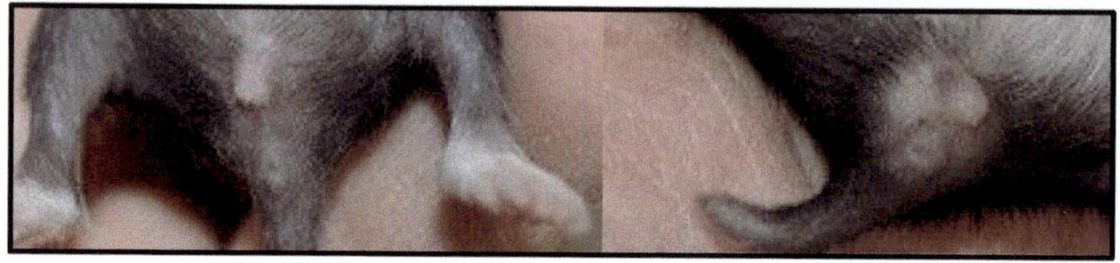

Abbildung 152: Geschlechtsbestimmung [Tinka's Teddyhamster]

Bei weiblichen Tieren lassen sich mit ca. 10 Tagen zudem die Zitzenleisten erkennen. Je heller der Bauch des Hamsters ist, desto deutlicher bilden sich die Zitzen ab. Bei Hamstern mit schwarzem Bauch kann es sein, dass die Zitzen gar nicht zu erkennen sind.

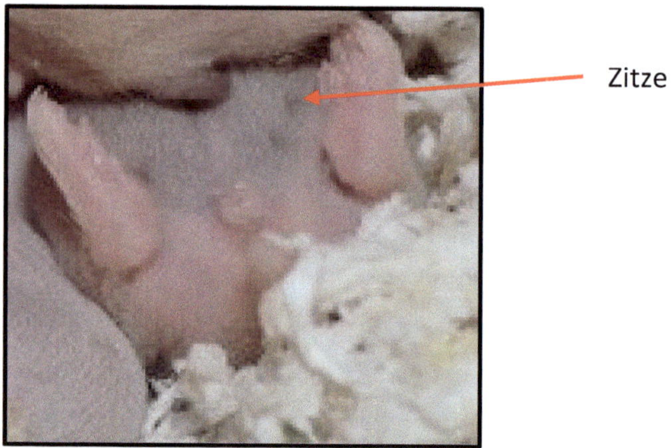

Abbildung 153: Zitzenleiste [Tinka's Teddyhamster]

Weibchen sind in der Regel etwas größer und kräftiger gebaut als die männlichen Tiere. Anhand dieses Merkmales kann das Geschlecht aber nicht bestimmt werden, da der Körperbau sehr vom einzelnen Individuum abhängig ist.

104

Männliche Teddyhamster haben ein deutlich längeres Körperfell als weibliche Teddyhamster. Jedoch ist auch hier die Haarlänge stark vom einzelnen Individuum abhängig.

6.3. <u>**Verpaarung**</u>

Hamsterweibchen sind in der Regel alle vier Tage paarungsbereit und sollten auch nur dann mit dem Männchen zusammengesetzt werden. In der Wildnis paaren sich Hamster zwischen Frühling und Sommer. Bei Hamstern, die im Haus gehaltenen werden, ist eine Zucht ganzjährig möglich. Durch die ganzjährig warmen Temperaturen im Haus und die Innenbeleuchtung wird für das Tier dauerhaft Frühling/Sommer vorgetäuscht. Dennoch konnte ich beobachten, dass es im Winter oft länger dauert bis ein Weibchen läufig wird und aufnimmt. Eventuell ist dies auf die längere Dunkelheit und kühlere Raumluft zurückzuführen.

Ein nicht paarungsbereites Weibchen darf auf keinen Fall mit einem Männchen zusammengesetzt werden, da das Weibchen das Männchen beißen könnte. Weniger Sorge besteht darin, dass das Männchen das Weibchen beißt.

Ob ein Weibchen paarungsbereit ist, ist bei zahmen Hamstern normalerweise sehr einfach zu erkennen. Wird dem Tier mit dem Finger über den Rücken gestreichelt, geht dieses meist in Deckstarre. Das Weibchen hebt hierbei den Schwanz nach oben und drückt den Rücken nach unten.

Abbildung 154: Weibchen in Deckstarre

Meiner Erfahrung nach gehen nicht alle Weibchen bei Berührung in eine Deckstarre und das Verhalten ist nicht bei jeder Läufigkeit und Uhrzeit gleich stark. Meist steigt das Verhalten zur späteren Uhrzeit.

Teilweise kann bei Berührung des Tieres der Geruch, der die Läufigkeit des Weibchens signalisiert, wahrgenommen werden.

Bei vermuteter Läufigkeit des Weibchens setze ich das erwählte Paar in einen Freilauf und trenne die Tiere zunächst durch ein Gitter. Wenn das Weibchen läufig ist, sollte es dann in Deckstarre gehen. Während sich die Tiere beschnuppern, kann dem Weibchen zusätzlich der Rücken gekrault werden. Wenn das Tier in Deckstarre ist, lasse ich das Männchen zum Weibchen.

Wenn das Weibchen nicht läufig ist, zeigt es meist kein Interesse am Männchen. Einige Weibchen reagieren aber auch aggressiv auf männliche Artgenossen und versuchen durch das Gitter zu zwicken.

Wenn die paarungsbereiten Tiere zusammen im Freilauf sind, wartet das Weibchen meist geduldig in Deckstarre bis es vom Männchen gedeckt wird. Bei unerfahrenen Männchen kann es eine Weile dauern bis das Decken erfolgt. Oft wird das Weibchen vorher lange abgeschleckt und beschnuppert. Bei zu langem Abschlecken kann es sein, dass das Weibchen die Geduld verliert und das Männchen zwicken möchte. Am besten ist es dem Weibchen bei Unruhe den Rücken zu kraulen, bis es wieder deckstarrt. Im Normalfall wird das Weibchen das Männchen während des Deckens nicht beißen. Trotzdem sollten die Tiere auf keinen Fall aus den Augen gelassen werden. Zur Sicherheit empfiehlt es sich einen weichen Gegenstand (z.B. Küchenpapierrolle) zur Hand zu haben und die Tiere im Notfall <u>vorsichtig!!</u> zu trennen. Es dürfen niemals Gegenstände, welche die Tiere verletzten könnten, zur Trennung benutzt werden!! Niemals sollte bei einem Streit mit der bloßen Hand dazwischen gegriffen werden, da es so zu massiven Bissverletzungen kommen kann.

Das Decken kann etwa 20 Minuten lange dauern. Das Männchen besteigt das Weibchen mehrmals. Nach jeder Ejakulation steigt das Männchen vom Weibchen ab und putzt sich seine Genitalien, während das Weibchen in Deckstarre wartet.

Wenn die Tiere das Interesse aneinander verlieren, sollten diese wieder getrennt werden.

Die Paarung sollte immer in einem neutralen Revier stattfinden, da Hamster gegenüber Artgenossen ein ausgeprägtes Revierverhalten zeigen.

Ich hatte bereits die Fälle, dass das Weibchen paarungsbereit war und in Deckstarre ging, das Männchen aber kein Interesse am Weibchen zeigte. Ursachen dafür können zum Beispiel Müdigkeit oder Hunger sein. Der Vorgang sollte zu einer späteren Uhrzeit nochmals versucht werden. Normalerweise erhöht sich die Paarungsbereitschaft zu späteren Uhrzeiten.

Abbildung 155: Paarung Sabsis`Wurf E

Es kann aber auch sein, dass das Weibchen deckstarrt obwohl es bereits schwanger ist. Ich hatte bereits den Fall, dass das Männchen, von dem das Tier bereits schwanger war, kein weiteres Interesse mehr zum Decken zeigte. Von einem anderen Männchen ließ sich das Tier dann nochmals decken. Im Normalfall gehen schwangere Weibchen nicht mehr in Deckstarre. Die meisten Tiere reagieren während der Schwangerschaft sogar noch aggressiver auf Artgenossen.

6.4.   <u>Die Schwangerschaft</u>

Goldhamster haben eine sehr kurze Tragezeit von 16 Tagen. Während der Schwangerschaft kann sich der Charakter des Tieres ändern. Einige Weibchen sind in dieser Zeit etwas reizbar und launisch.

Besonders wichtig ist es jetzt auf eine eiweiß- und vitaminreiche Ernährung zu achten. Frischfutter sollte täglich gegeben werden.

Drei bis Zwei Tage vor der Geburt sollte der Käfig das letzte Mal gründlich gereinigt und ausreichend Nistmaterial zur Verfügung gestellt werden. Ich verwende ausschließlich Heu als Nistmaterial. Hamsterwatte sollte nicht verwendet werden, da diese Fäden ziehen kann. Insbesondere junge Hamster können sich damit die Gliedmaßen abschnüren.

Kurz vor der Geburt sollte nur noch die Toilette gereinigt werden um zusätzlichen Stress für das Tier zu vermeiden.

Die Gewichtszunahme während der Schwangerschaft kann je nach Wurfgröße sehr unterschiedlich sein. Im Durchschnitt nimmt der Hamster etwa 20 g zu. In der ersten Schwangerschaftshälfte ändert sich wenig am Gewicht des Tieres. Die typischen Schwangerschaftsbeulen zeigen sich meist erst in den letzten Tagen der Schwangerschaft. Wenn nur ein kleiner Wurf bevorsteht kann es auch sein, dass der Hamster kaum und nicht sichtbar zunimmt.

Abbildung 156: Schwangerschaftsbeulen

6.5.   **<u>Die Geburt</u>**

Dass die Geburt ansteht macht sich oft am ungewöhnlichen Verhalten des Tieres bemerkbar. Einige Hamster werden sehr unruhig und hektisch, andere vollenden noch in vollem Eifer den Nestbau. Zur Geburt zieht sich das Tier in den Bau zurück und sollte auf keinen Fall gestört werden. Die Hamsterbabys haben bei der Geburt eine Größe von 2-3 cm und wiegen ca. 3 Gramm. Typische Wurfgrößen sind 5-12 Jungtiere. Doch auch kleinere oder größere Würfe können vorkommen. Die Neugeborenen sind nackt und haben geschlossene Augen. Nach der Geburt leckt die Mutter ihre Babys sauber und säugt sie. Sowohl Nabelschnur als auch Nachgeburt werden von der Mutter verzehrt. Normalerweise macht sich durch das Piepsen der Hamsterbabys die stattgefundene Geburt bemerkbar.

Nach der Geburt säubert sich die Mutter vom restlichen Blut. Manchmal kann etwas Blut im Käfig zu finden sein. Solange es sich um eine geringe Menge handelt, ist dies kein Grund zur Sorge. Falls es sich bei der Mutter jedoch um anhaltende Blutungen handelt, sollte ein fachkundiger Tierarzt konsultiert werden. Nach der überstandenen Geburt sollte die frisch gebackene Mutter etwas Ruhe bekommen. Wenn kein Grund zur Sorge besteht, sollte diese jetzt auch nicht aus dem Käfig genommen werden.

Ich habe es schon erlebt, dass die Mutter einige Babys im Nest gebar, das Nest verlies und zu einem späteren Zeitpunkt noch weitere Babys geboren wurden. Es kam auch schon vor, dass frisch geborenen Babys außerhalb des Nestes lagen. Im Normalfall wird die Mutter die Babys von alleine zügig in ihr Nest holen. Allerdings sollte das Baby vom Züchter nicht aus den Augen gelassen werden. Neugeborene Hamster können sehr schnell auskühlen und sterben. Wenn die Mutter das Baby nicht zügig in das Nest holt hilft es normalerweise das Neugeborene vorsichtig in die Nähe des Nestes zu legen. So sieht die Mutter das Baby und kann es in ihr Nest holen. Besonders bei Erstwürfen kann der gestressten Hamstermutter dieser Fehler unterlaufen.

Es ist nicht nötig während oder kurz nach der Geburt ohne Grund in das Nest hineinzufassen.

6.6. **Die Entwicklung der Babys**

Tag 1-7:

In den ersten Tagen nach der Geburt verlässt die Hamstermutter das Nest nur kurz um zu trinken, Futter zu holen und auf die Toilette zu gehen. Das Piepsen der Hamsterbabys ist besonders dann zu hören, wenn die Mutter das Nest verlässt. Die Hamsterbabys sind in den ersten Tagen komplett auf ihre Mutter angewiesen. Die Mutter wärmt, putzt und säugt den Nachwuchs.

Nach der Geburt sollte der Mutter etwas Ruhe gegönnt werden. Ein kurzer Blick in das Nest kann in den ersten Tagen aber erfolgen, um den Zustand der Babys zu prüfen. Direkt nach der Geburt ist es nicht möglich die spätere Fellfarbe zu erkennen. Nach einigen Tagen kann aber schon deutlich zwischen hellen und dunklen Farben unterschieden werden. Zudem lässt sich erkennen, ob die Hamster dunkle oder rote Augen haben, da die Farbe durch die geschlossenen und nackten Lider leuchtet.

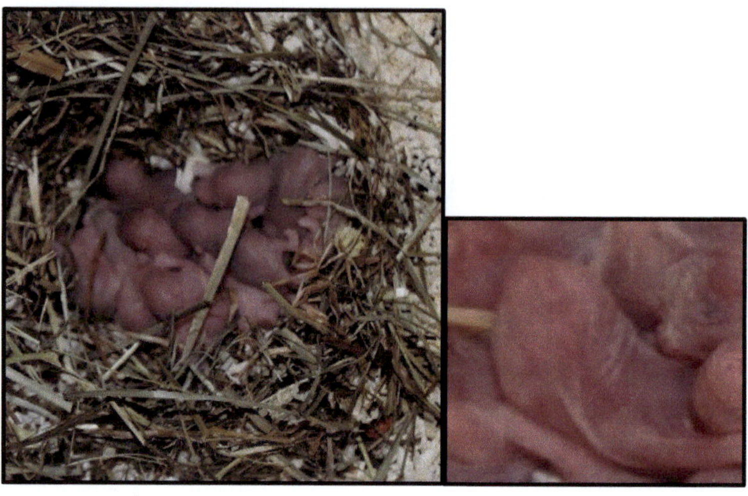

Abbildung 157: Sabsis' E-Wurf 6 Tage

Abbildung 158: Neugeborenes mit roten Augen [Vulpes]

Tag 8-14:

Im Normalfall gönne ich Mutter und Babys etwas Ruhe und nehme die Babys das erste Mal mit etwa 10 Tagen aus dem Nest heraus. Bevor die Babys aus dem Nest genommen werden, sollte die Mutter aus dem Gehege entfernt werden. In diesem Alter können eine Gesundheitskontrolle (wie Verletzungen, optische Gewichtsabschätzung, Größenvergleich) und die Bestimmung des Geschlechts erfolgen.

Die meisten Farben lassen sich nun schon bestimmen und auch das Satinfell zeigt sich. Ob der Hamster langes oder kurzes Fell bekommt, kann aber erst mit etwa 4 Wochen erkannt werden.

Abbildung 159: Sabsis' E-Wurf 8 Tage

Etwa mit dem Beginn der zweiten Lebenswoche beginnen die Hamster neben der Muttermilch feste Nahrung zu sich zu nehmen. Gefressen wird die Nahrung, die von der Hamstermutter in das Nest gebracht wird. Bereits vor dem Öffnen der Augen, mit etwa 12 Tagen, wagen die Hamster erste Schritte aus dem Nest. Meist werden die Hamster von der Mutter nach kurzer Zeit wieder in das Nest zurückgetragen. Wenn die Babys das Nest verlassen, kann spezielles Futter in flachen Näpfen bereitgestellt werden. Hierzu benutze ich u.a. in Wasser eingeweichte, feinkörnige Haferflocken.

Abbildung 160: Elena 12 Tage (Brown eyed Ivory Satin Lh)

Mit etwa 15 Tagen beginnen die Hamster ihre Augen zu öffnen. Zu dieser Zeit sollte das Nest das erste Mal gereinigt werden. Die Toilette der Mutter sollte bereits zu einem früheren Zeitpunkt gereinigt werden. Die Toilette befindet sich normalerweise außerhalb des Nestbereiches wodurch es bei der Reinigung zu keiner Störung kommt. Während der Reinigung sollten sich alle Hamster außerhalb des Geheges befinden (z.B. in einer großen Transportbox). Bei der Reinigung achte ich stets darauf, dass das Nest ähnlich gestaltet und der Futtervorrat im Nest wieder befüllt wird.

Abbildung 161: Elena 20 Tage (Brown eyed Ivory Satin Lh)

Tag 22-28:

Die Hamster sind nun komplett entwickelt. Sie fressen selbstständig und werden nicht mehr gesäugt. Je älter die Jungtiere werden, desto länger lässt die Mutter diese alleine. Es ist nicht ungewöhnlich wenn die Mutter sich einen eigenen Schlafplatz sucht. Bereits in diesem Alter streiten sich die Geschwister oft. Das gehört aber zum normalen Verhalten und spielerischen Lernen.

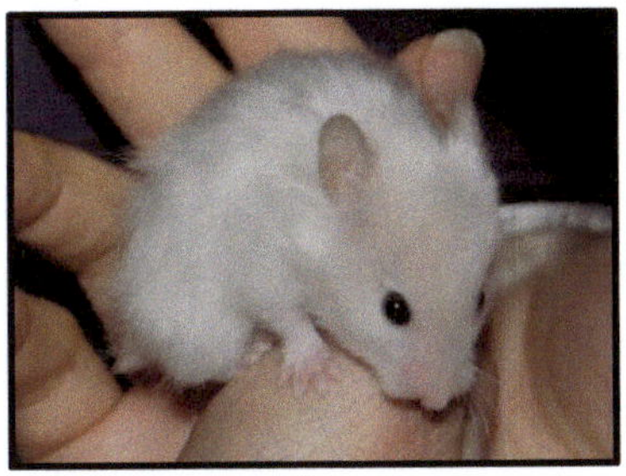

Abbildung 162: Elena 28 Tage (Brown eyed Ivory Satin Lh)

Abbildung 163: E-Wurf 28 Tage

Obwohl die Babys mit 3 Wochen schon selbstständig fressen, sollten diese noch nicht von der Mutter getrennt werden. Die Babys lernen noch typische Verhaltensweisen von ihrer Mutter. Eine Trennung der männlichen Hamster von Mutter und Schwestern erfolgt bei mir in der Regel mit 28 Tagen. Wiegen die Tiere mit 28 Tagen noch sehr wenig und die Hodensäcke sind noch nicht sichtbar, lasse ich diese maximal bis zum Tag 32 bei den Weibchen.

Weibchen und Mutter können noch zusammenbleiben solange sie sich verstehen. Wenn die Mutter beginnt Revierverhalten und Aggressivität gegenüber den Jungtieren zu zeigen, muss eine Trennung erfolgen. Je nach Wurfgröße, Entwicklung der Jungtiere und Charakter des Muttertiers tritt dies meist zwischen der 6. und 7. Woche ein.

Die nach Geschlechtern getrennten Hamsterbabys sollten noch eine Weile zusammen verbringen ehe eine Vereinzelung erfolgt. Dieses ist für das später soziale Verhalten wichtig.

Falls nur ein einziges Männchen im Wurf ist, muss dieses trotzdem von den weiblichen Tieren getrennt werden. Es ist besonders wichtig dem einzelnen Tier nach der Trennung viel Aufmerksamkeit zu schenken. So steht auch hier einer positiven sozialen Entwicklung nichts im Wege.

<u>Der Auszug:</u>

Beim Auszug sollten die Hamsterbabys mindestens 5 Wochen alt sein. Die Tiere müssen gesund und kräftig entwickelt sein. Das optimale Auszugsgewicht ist stark von Größe/Gewicht der Elterntiere abhängig. Erfahrungsgemäß sollten die Hamster spätestens mit 8 Wochen vereinzelt werden. Bei starkem Revierverhalten zwischen den Jungtieren früher. Vor dem Beginn der 5. Lebenswoche sollte jedoch keine Vereinzelung stattfinden. Vor diesem Alter führen Streitereien normalerweise nicht zu Verletzungen sondern sind nur spielerisch.

<u>Tipps zur frühen Erkennung von Farben/Fellart:</u>

<u>Haarlänge:</u> Der Unterschied zwischen Langhaar (Teddyhamster) und Kurzhaar ist ab ca. der 4. Lebenswoche zu erkennen.

Abbildung 165: Lh 20 Tage

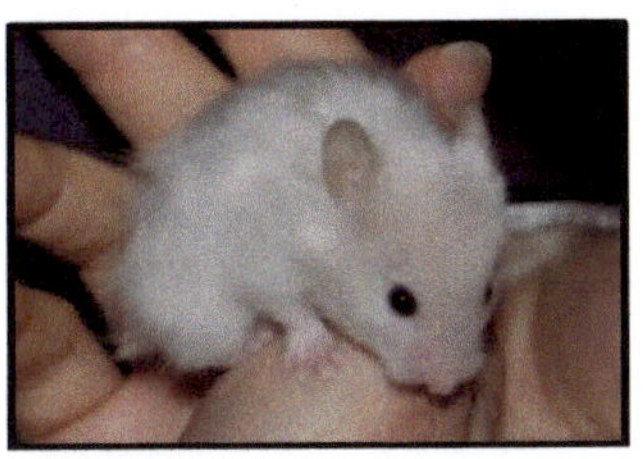

Abbildung 164: Lh 28 Tage

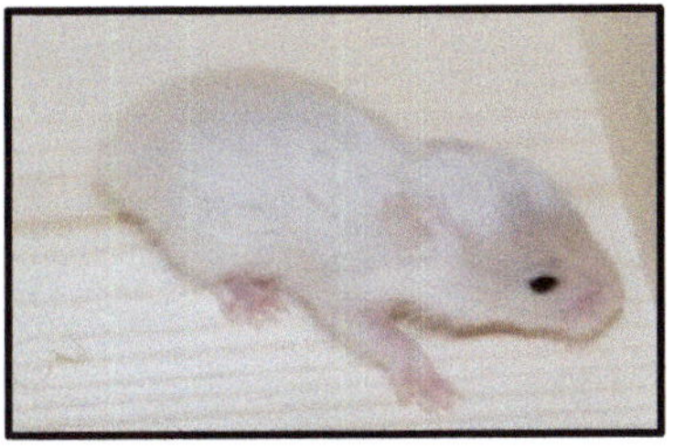

Abbildung 166: Sh 20 Tage

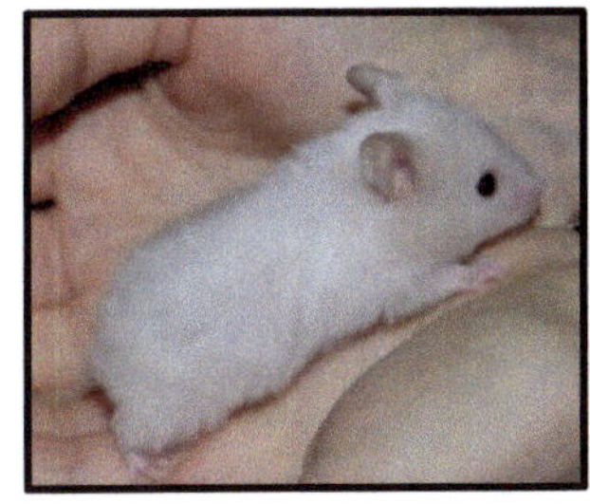

Abbildung 167: Sh 28 Tage

<u>Augenfarbe:</u> Bereits bei Neugeborenen lässt sich der Unterschied zwischen dunklen (schwarz oder braun) und hellen (rot) Augen erkennen. Dunkle Augen schimmern deutlich durch das helle Lid. Braune und schwarze Augen sind schwer zu unterscheiden. Bestimmte Farben können anhand der Augenfarbe ausgeschlossen werden.

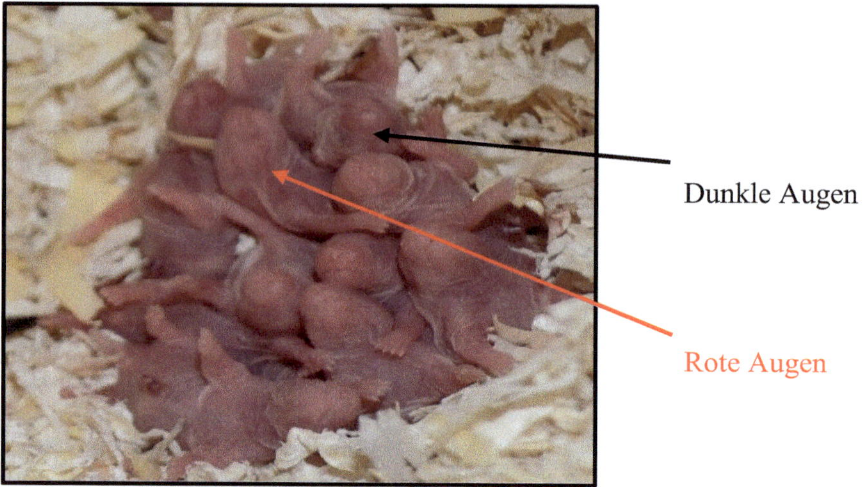

*Abbildung 168: Augenfarbe Neugeborene
[Vulpes]*

Satinfell:

Abbildung 169: Erkennung Satinfell

Bei hellen Farben (Abbildung 169 Cream/Caramel; oben 2 Satinhamster) lässt sich bereits mit etwa 12 Tagen ein sehr deutlicher Unterschied zwischen Satinfell und normalen Fell erkennen. Sehr dunkle junge Hamster (z.B. Black) können immer leicht schimmerndes Fell aufweisen und der Unterschied zwischen Satinfell und normalen Fell ist schwer zu sehen. Gut lässt sich hier das Satinfell am weißen Lätzchen erkennen.

118

Rex: Bereits mit dem Wachstum des Fells lassen sich die Kräuselungen vom Haar und den Vibrissen gut erkennen.

Cream/Yellow-Cream: Hamster die vom Genotypen Yellow (ToTo/ToY) oder Yellow-Cream (ee ToTo/ee ToY) sind, lassen sich (wie in Kapitel 5 beschrieben) daran erkennen, dass die Ohren in einem Alter von 10 Tagen bereits voll durchgefärbt sind. Bei einem Hamster des Genotypen (ee) beginnt die Pigmentierung erst mit ca. 2 Wochen. So lassen sich verschiedene Farbkombinationen mit Cream und Yellow gut unterscheiden. Auch bei Weibchen mit dem Genotyp (ee Toto) konnte ich eine frühe Pigmentierung der Ohren feststellen. Ist der Hamster ausgewachsen lässt sich bei creambasierten Farben nicht feststellen, ob dieser das Allel To zusätzlich in homo-oder heterozygoter Form trägt. Ein Yellow-Hamster (ToTo/ToY) hat generell im jungen Alter eine gewisse Ähnlichkeit zu einem Cream-Hamster (ee), hat jedoch Agoutiabzeichen wie Backenstreifen und einen hellen Bauch.

Schildpatt: Gerade bei geringer tts Zeichnung lässt sich diese am besten in einem Alter von wenigen Tagen bestimmen. Die Ohrenfarbe entspricht der Grundfarbe des Tieres (bei zusätzlichen Zeichnungsgenen erschwerte Bestimmung). Die Flecken im Fell können in dem Alter bei einigen Farben (z.B. Black) mit einer Ds-Zeichnung verwechselt werden. Ein Ds-Hamster hat allerdings einen weißen Bauch und immer eine weiße Blesse. Befinden sich viele tts-Flecken am Bauch, kann dieser ebenfalls weiß wirken. Ein tts-Fleck kann auch die Stirn markieren. Hamster mit Zeichnungsgenen haben normalerweise gefleckte Ohren (Zufällig kann aber auch kein Fleck auf dem Ohr sein).

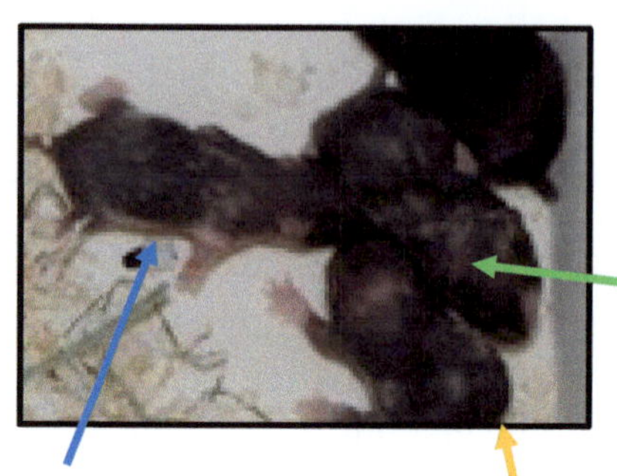

Abbildung 170: Wurf mit tts und Ds 8 Tage

Abbildung 171: Silver Black tts 9 Tage

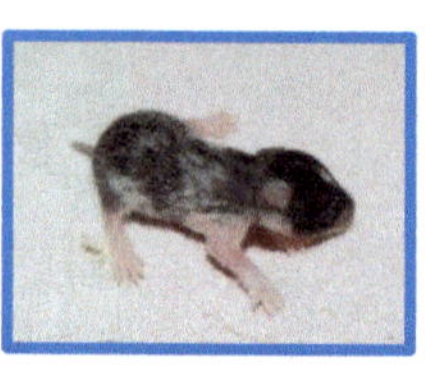

Abbildung 173: Black Ds 9 Tage

Abbildung 172: Silver Black tts 25 Tage

Abbildung 175: Black tts 9 Tage

Abbildung 174: Black Ds 25 Tage

Abbildung 176: Black tts 25 Tage

Generell zu beachten:

- Die Hamstermutter sollte sich nicht im Gehege befinden wenn die Babys aus dem Nest herausgenommen werden.
- Nur die jeweilige/n Bezugsperson/en des Tieres sollte die Neugeborenen anfassen. Ein fremder Geruch würde das Muttertier stark irritieren. Die Tiere können insbesondere bei fremden Personen aggressiv auf das Anfassen des Nachwuchses reagieren.
- Leider kommt es hin und wieder vor, dass die Hamstermutter ihre Babys in den ersten Tagen umbringt und verzehrt. Dafür kann es mehrere Ursachen geben. Zum Beispiel kann die Hamstermutter überfordert, körperlich schwach oder gestresst sein. Das Hamsterbaby kann auch krank gewesen sein.
- Wichtig ist es der Hamstermutter für die Aufzucht ausreichend Ruhe zu geben.
- Tote Hamsterbabys werden meist von Mutter und Geschwistern verzehrt, auch wenn diese schon mehrere Tage alt waren. In der Natur verhindert dies die Aufmerksamkeit von Fressfeinde auf den Wurf zu ziehen. Teilweise wird das tote Baby nicht gefressen, sondern von der Mutter nur aus dem Nest entfernt. Ein totes Hamsterbaby muss so schnell es geht aus dem Käfig genommen werden.
- Hamsterbabys sind sehr schnell und hektisch. Sie können von der Hand herunterspringen, auf den Boden fallen und sich verletzten!!

Zufüttern:

Ein kleiner Größenunterschied zwischen den Geschwistertieren ist völlig normal. Es kann aber sein, dass sich in den ersten Tagen ein sehr starker Größenunterschied entwickelt. Dieser Unterschied kann immer größer werden, da die großen und starken Babys mehr Milch abbekommen. Häufiger passiert das bei sehr großen Würfen. In solchen Fällen kann mit Katzenaufzuchtsmilch zugefüttert werden. Zum Füttern kann z.B. eine kleine Spritze (ohne Nadel) benutzt werden. Je nach Schweregrad der Entwicklung sollte mindestens zweimal am Tag zugefüttert werden. So konnte ich bereits einige Hamster aufpäppeln.

7. <u>Der Alltag</u>

In diesem Kapitel möchte ich noch einige Tipps für den Umgang mit den Tieren im Alltag geben. Diese basieren auf den Erfahrungen, die ich in den vielen Jahren mit Hamstern sammeln konnte.

7.1. <u>Der Einzug eines neuen Hamsters</u>

Vor dem Einzug ist es wichtig den Käfig einzurichten. Bei vielen Züchtern wird mit dem Verkauf eines Hamsters eine Futterration mitgegeben. Diese erleichtert dem Hamster die Umstellung und sollte auf jeden Fall verfüttert werden, bevor die Fütterung mit einem anderen Futter erfolgt. Frischfutter sollte in den ersten Tagen nicht verfüttert werden, weil dieses durch den ohnehin vorhandenen Stress Durchfall begünstigen kann.

Zuhause angekommen empfiehlt es sich die Transportbox offen in das Gehege zu stellen, damit das Tier von selbst herausklettern kann. Ist dies nicht möglich, kann das Tier <u>vorsichtig</u> aus der Box in den Käfig gekippt werden (niemals aus der Höhe!). Die Einstreu aus der Transportbox sollte ebenfalls in den Käfig gegeben werden, damit der Hamster seine eigenen Duftspuren im neuen Gehege hat. Die meisten Hamster sind trotz Übermüdung nach der Ankunft sehr aktiv und flitzen im Käfig umher oder rennen im Laufrad. Nach dieser Phase erfolgt dann meistens ein längerer Erholungsschlaf. Anschließend ist das Tier oft sehr zurückhaltend und ängstlich und zeigt sich kaum. Es gibt aber auch Hamster welche sofort nach der Ankunft den Schutz des Häuschens aufsuchen. Beide Verhalten sind normal.

7.2. <u>**Die Zähmung**</u>

Nach dem Einzug bedarf es einer mehr oder weniger langen Eingewöhnungsdauer. Auch wenn das Tier im ehemaligem zuhause bereits zahm war, kann es zunächst ängstlich und zurückhaltend sein. Das Tier muss sich schließlich erst an die neue Umgebung und den neuen Besitzer gewöhnen.

Am ersten Tag nach der Ankunft sollte das Tier völlig in Ruhe gelassen werden. Ruhe in der Umgebung begünstigt die Eingewöhnung. So hat das Tier Zeit die neue Umgebung kennenzulernen und Duftspuren im Käfig zu legen.

In den darauffolgenden Tagen sollte der Halter sich dem Käfig nähern und mit dem Tier sprechen, damit sich der Hamster an die Stimme gewöhnen kann. Wenn das Tier nicht mehr schreckhaft ist, kann eine erste Annäherung erfolgen. Hierzu sollte etwas Futter in den Käfig gelegt und das Tier anschließend ohne Berührung beobachtet werden. Besonders in dieser Zeit der Eingewöhnung sollten hektische und unruhige Bewegungen in der Nähe des Tieres immer vermieden werden.

Sobald der Hamster Futter in Anwesenheit des Halters frisst, kann der nächste Schritt erfolgen. Der Hamster kann mit Futter angelockt werden. Hierzu wird mit der Fingerspitze Futter genommen und in die Nähe des Tieres gebracht. Der Hamster hat so die Möglichkeit das Futter ohne Körperkontakt zu nehmen. Wird das Futter vom Hamster angenommen, ist der erste Schritt der Zähmung geschafft. Als nächster Schritt kann das Futter direkt auf der Handfläche platziert werden. Während des Fressens von der Hand kann der Hamster vorsichtig gestreichelt werden. Eine Belohnung des Tieres mit Futter nach jeder Berührung beschleunigt die Zähmung. Wenn der Hamster sich ohne Angst anfassen lässt, kann das Tier vorsichtig mit beiden Händen hochgehoben werden. Sobald sich das Tier ohne Probleme hochnehmen lässt, kann der Hamster in den Freilauf gesetzt werden.

Meiner Erfahrung nach wird der Hamster am leichtesten zahm, wenn dieser den Zusammenhang zwischen Hochnehmen und Freilauf versteht. Beim Freilauf lernen sich Hamster und Hamsterhalter am besten kennen.

Es kann aber auch sein, dass das Tier so scheu ist, dass es auch nach einigen Wochen noch kein Futter von der Hand nehmen möchte und sich nicht anfassen lässt. Nach zwei bis drei Wochen ohne Fortschritt sollte das Tier mit Hilfe eines "Hamstertaxis" in den Freilauf befördert werden um die Zähmung aktiver voranzutreiben. Als Hamstertaxi kann z.B. eine kleine Schachtel dienen. Der Hamster kann mit Futter in die Schachtel hineingelockt oder mit der Hand vorsichtig hineingewiesen werden. Das Hamstertaxi mit Hamster wird dann vorsichtig in den Freilauf gestellt. Je nach Größe des Freilaufes kann sich der Halter direkt in oder neben den Freilauf setzten und/oder die Hand hineinhalten. Für den Anfang empfehlen sich meiner Erfahrung nach kleinere Freiläufe. Der scheue Hamster sollte anschließend wieder mit dem Hamstertaxi in den Käfig befördert werden. Dieser Vorgang sollte möglichst oft wiederholt werden damit sich das Tier den Zusammenhang zwischen Freilauf und Mensch einprägen kann. Da Hamster den Freilauf in der Regel lieben, wird der Hamster von sich aus in den Freilauf wollen, an das Türchen kommen und sich herausheben lassen. Mag der Hamster den Freilauf nicht, kann versucht werden den Freilauf anders zu gestalten oder einen anderen Freilauf zu benutzen.

Diese Art der Zähmung hat bei mir bisher immer gut funktioniert. Sehr gerne mögen meine Hamster etwas getrockneten Apfel oder ein kleines Stück ungeschwefelte Rosine als Leckerlie. Aufgrund des Zuckergehalts sollten aber immer nur Kleinstmengen verfüttert werden.

<u>Zu beachten:</u>

- Generell ist es wichtig, dass das Tier jede Berührung vom Menschen mit etwas Positiven verbinden kann. Negative Erlebnisse können das Tier dauerhaft prägen.

- Wie lange es dauert bis der Hamster völlig zahm ist und eine feste Bindung zwischen Tier und Hamsterhalter entsteht ist sehr unterschiedlich. Wichtig ist es dem Tier die nötige Zeit zu geben. Zu schnelles Handeln führt nicht zum Ziel.

- Wie zahm ein Hamster wird hängt auch vom Charakter des Tieres ab. Nicht jeder Hamster lässt sich gleich gerne Anfassen. Wichtig ist es das Tier so zu akzeptieren wie es ist.

- Ein bestimmtes Verhalten wie z.B. das Hochklettern am Bein kann erlernt werden. Allerdings muss klar sein, dass ein Hamster Kunststücke nicht auf Kommando. sondern nur nach Lust und Laune durchführt. Ein Anreiz für die Ausführung eines Kunststücks kann ein Leckerli sein.

Das richtige Greifen:

Das richtige Greifen ist sehr wichtig. Besonders in der Anfangsphase lässt der Hamster sich leicht durch falsche Bewegungen erschrecken. Daher sollte der Hamster immer vorsichtig mit beiden Händen in einer Höhle umschlossen genommen werden. Der Hamster sollte niemals überraschend von oben ergriffen werden, weil das Tier sonst erschrecken könnte. Vor dem Anfassen sollte der Halter in das Sichtfeld des Tieres treten und mit diesem Sprechen. Dies gilt insbesondere bei Käfigen, welche nur von oben zu öffnen sind. Ein zahmer Hamster lässt sich später meist ohne Probleme auch vorsichtig mit nur einer Hand nehmen, bzw. klettert von selbst auf die Handfläche.

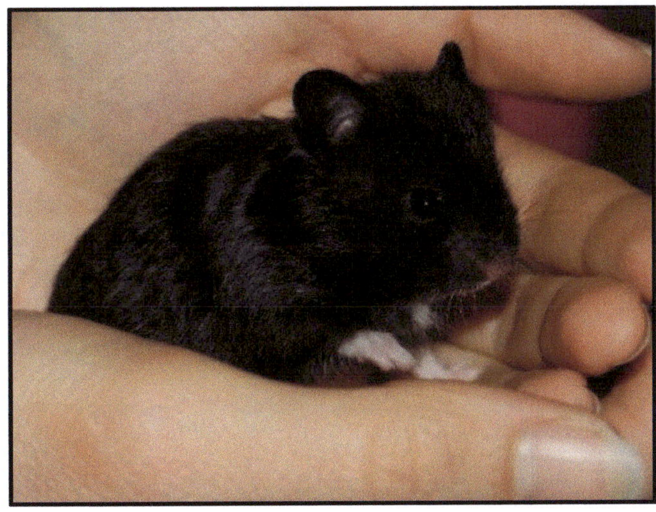

Abbildung 177: richtiger Griff: Hamster in beiden Händen (Black)

<u>Vorsicht Bissig!!</u>

Generell beißen zahme Hamster nur äußerst selten zu. Besonders bei einem neuen Mitbewohner können Bisse aber leider nicht ausgeschlossen werden. Die Bisse erfolgen im Normalfall aus Angst und nicht aus Aggressivität. Meist kommt sich der noch scheue Hamster besonders in der Nestnähe bedroht vor. Anzeichen das der Hamster zubeißen könnte, können das Klappern mit den Zähnen, das Zeigen der Zähne mit/ohne Fauchen oder auf den Rücken werfen sein. Bei diesen Anzeichen am besten Abstand halten. Meist beißt ein Hamster nicht sehr fest, es kann aber auch zu blutenden Wunden und sehr starken Bissverletzungen kommen.

Auch zahme Hamster können beißen. Meist wenn sie sehr erschrecken oder durch Gerüche irritiert werden. Es gibt auch Hamster welche generell etwas launisch sind und den Besitzer hin und wieder leicht zwicken. Zu einem schmerzhaften Biss kommt es dann aber im Normalfall nicht.

Hamster, die Jungtiere beschützen, können zwicken oder sogar beißen wenn sie eine Bedrohung für die Babys sehen. Daher sollten Neugeborene am besten nur von der Bezugsperson angefasst werden.

Bei Hamstern aus schlechter Haltung kann es sein, dass diese bissig sind und leider auch bleiben. Hamster aus seriösen Zuchten stammen von unaggressiven Tieren ab und haben von klein auf gute Erfahrungen mit Menschen gesammelt. Daher werden diese Tiere in der Regel sehr zahm und neigen eher nicht zur Bissigkeit.

<u>Tipps gegen Bisse:</u>

- Vor dem Anfassen immer mit dem Tier sprechen, damit das Tier nicht überrascht wird.

- Den Hamster nicht unerwartet von oben herab anfassen.

- Tiergerüche wie z.B. der Geruch einer Katze können den Hamster verunsichern.

- Wenn mehrere Hamster in einem Haushalt wohnen sollte zwischen den Tieren ein Händewaschen erfolgen. Insbesondere nach dem

Anfassen von gleichgeschlechtlichen Tieren.

- Es kann vorkommen, dass der Hamster in den Finger zwickt, wenn dieser nach etwas Essbarem riecht. Einige Gerüche, wie z.B. eine Rosine, verbleiben sehr hartnackig auf dem Finger.

- Es ist gefährlich den Finger durch die Gitterstäbe des Käfigs zu stecken. Es kann sein, dass der Hamster in den Finger beißt, weil er diesen für etwas Essbares hält.

- Wenn der Hamster im Haus schläft, sollte das Haus nicht hochgenommen werden. Ein schlafender Hamster sollte generell nicht aufgeweckt werden.

7.3. <u>Beschäftigung im Alltag</u>

Ein zahmer Hamster kann seinem Halter sehr viel Freude bereiten. Allerdings kann nur bei ausreichender Beschäftigung mit dem Tier erwartet werden, dass sich eine gute Beziehung aufbaut. Ein zahmer Hamster läuft beim Anblick des Halters meist an die Käfigtüre und möchte aus dem Käfig heraus. Es ist wichtig, dass der Hamster ausreichend durch den Halter beschäftig wird. Der tägliche Freilauf ist für das Tier eine schöne Abwechslung und auch der Halter wird seine Freude daran haben. Viele Hamster beklettern den Halter sehr gerne. Einige meiner Hamster haben gelernt auf meinem Bein hochzuklettern, wenn ich auf einem Stuhl saß. Dort angekommen gab es dann immer ein Leckerlie zur Belohnung. Das Verhalten habe ich nicht erzwungen sondern die Tiere haben es einfach von sich aus versucht und Gefallen daran gefunden.

Dem Hamster sollte möglichst oft Freilauf angeboten werden. Hamster brauchen viele Beschäftigungsmöglichkeiten und freuen sich darauf Neuland zu erkunden. Normalerweise mögen Hamster den Freilauf sehr gerne. Sollte sich der Hamster jedoch außerhalb des Reviers dauerhaft sichtbar unwohl fühlen, darf das Tier nicht zwanghaft in den Freilauf gesetzt werden.

Der Freilauf kann in einem speziellen Gehege oder auch im ganzen Zimmer stattfinden. Um den Freilauf spannend zu machen, sollten immer verschiedene Hamsterspielzeuge wie z.B. Weidebrücken, Sandbad oder Wurzeln aufgestellt und Futter verteilt werden. Alle für den Hamster gefährlichen Gegenstände müssen außer Reichweite gebracht werden.

Zimmer:

Zahme Hamster können im ganzen Zimmer herumlaufen. Hierbei ist es wichtig mögliche Gefahrenquellen zu erkennen und zu entfernen. Vorsicht: Hamster erreichen unglaublich viele Bereiche!

Gefährlich sind u.a. Kabel, Steckdosen und Heizkörper.

Schubläden, Schränke, Fenster und Türen müssen stets verschlossen bleiben.

Der Zugang hinter Möbeln sollte verschlossen werden, da es sich der Hamster sonst auch mal sehr lange hinter einem Schrank gemütlich machen kann. Hamster benagen zudem alles was ihnen unterkommt.

Generell ist es also eher schwierig ein komplettes Zimmer "hamstersicher" zu machen.

Gehege:

Gehege sind für den Hamster sicherer und können auch selbst gebaut werden. Wichtig ist, dass alle Seiten dicht sind, das Gehege ausreichend hoch ist und keine scharfen Kanten vorhanden sind.

Es gibt geeignete Holzgehege oder Gitterzäune. Nicht alle angebotenen Freiläufe sind ausbruchsicher. Meine Hamster bekommen ihren Freilauf in einem Holzgehege mit wechselnder Einrichtung.

Abbildung 178: Freilaufgehege

Zu beachten:

- Hamster können Höhen schlecht abschätzen und daher leicht abstürzen.
- Viele Zimmerpflanzen sind für Hamster giftig.
- Der Hamster sollte im Freilauf, wenn dieser nicht ausbruchsicher ist, niemals unbeaufsichtigt sein.

7.4. <u>Ausgebüchst?</u>

Es kann leider immer passieren, dass ein Hamster entwischt. Entweder der Hamster verschwindet beim Freilauf oder der Hamsterkäfig wird ausversehen nicht richtig verschlossen. Einer meiner Hamster hat sogar gelernt die Käfigtüre eines Gitterkäfigs zu öffnen. Diese konnte scheinbar nicht ausreichend fest verschlossen werden. Besonders gefährlich wird der Ausbruch wenn sich noch andere Tiere, wie z.B. eine Katze oder ein Hund, im selben Haushalt befinden oder Türen/Fenster ins Freie geöffnet sind. Falls der Hamster ausgebüchst ist, sollten zunächst alle Fenster und Türen geschlossen werden, damit der Hamster im Haus und in einem Raum gefangen bleibt. Gerade nachts kann der Aufenthaltsort meist sehr leicht durch laute Geräusche festgestellt werden. Zur leichteren Aufspürung kann Futter in den Räumen ausgelegt werden - wo dieses fehlt muss der Hamster sich befinden.

Wenn das Tier gesichtet worden ist, sich aber nicht greifen lässt, kann versucht werden das Tier in einen Behälter mit Futter zu locken. Zahme Hamster lassen sich in der Regel schnell einfangen. Bei scheuen Tieren ist das etwas schwerer.

Eine Möglichkeit ist der Bau einer "Lebend-Falle". Eine hohe Plastikbox, die innen mit Einstreu und Heu gut gepolstert ist und Futter enthält kann in das Zimmer gestellt werden. Außerhalb der Box wird eine Leiter angebracht, mit welcher der Hamster hinein, aber anschließend nicht mehr herauskommt. Damit der Hamster nicht zu lange in der Falle sitzen muss, sollte eine regelmäßige Kontrolle stattfinden. Als weitere Möglichkeit kann ein Gitterkäfig mit Laufrad und Leckerlies aufstellt werden. Erstaunlicherweise gehen die Tiere oft in den Käfig um im Laufrad zu laufen. Befindet sich das Tier im Käfig, kann dieser schnell verschlossen werden. Wenn der Zugang es ermöglicht, gehen viele Tiere auch von alleine wieder in den eigenen Käfig. Während der Hamster ausgebüchst ist, muss unbedingt für ausreichend Nahrung und Wasser gesorgt werden.

8. <u>Danksagung</u>

An dieser Stelle möchte ich allen danken, die mir die Entstehung dieses Buches ermöglicht haben.

Zum Ersten möchte ich meiner Mutter danken. Sie hat mir meinen ersten Hamster *Pumli* gekauft und mich mit der Haltung und der Pflege des Tieres unterstützt. Auch gab es immer Trost wenn ein Hamster gestorben ist.

Auch möchte ich meinem Ehemann danken. Er muss sich mich und unsere Räumlichkeiten mit meinen Hamstern teilen und erweist hierbei große Geduld.

Auch herzlichst danken möchte ich den vielen tollen Züchtern, die mich von Anfang an unterstützt, bei Problemen geholfen und ihr Wissen mit mir geteilt haben.

Besonderen Dank an dieser Stelle an die Hamsterzuchten Vulpes und Niljos für meine ersten Zuchttiere Daisy und Merlin. Ohne diese Stammtiere wäre mir ein Start mit meiner Zucht nicht möglich gewesen.

Herzlichen Dank für die tollen Bilder die mein Buch befüllen dürfen an: Gabriele Stroh [Tinka's Teddyhamster], Saadet Akar [Vulpes], Susanne Zielske [Niljos], Nicole Könitzer [Sweetness] und Jessica Weiße [Kelaino].

Ein großer Dank auch für die tollen Hamster, die ich bisher aus anderen Zuchten erhalten habe. Danke an euer Vertrauen in meine Zucht.

10. <u>Tabellenverzeichnis</u>

11. **Glossar**

Begriff	Erklärung
Agouti	Fellzeichnung mit gebänderten Haaren, Backenstreifen, Halbmonden und Brustband
Allel	Zustandsform eines Gens, die eine bestimmte Merkmalsausprägung bewirkt
Chromatid	zwei Chromatiden bilden ein Chromosom
Chromatin	Material aus welchem Chromosomen bestehen
Chromosom	Enthalten die Erbinformation, kompakte Form bestehend aus DNA
Crossing over	Austausch von Erbinformation zwischen zwei homologen Chromosomen
diploid	Doppelter Chromosomensatz
DNA	Desoxyribonukleinsäure, Träger der Erbinformation
Dominantes Allel	Merkmalsausprägung setzt sich durch
Einzeller	Lebewesen bestehend aus einer Zelle
epistatisches Gen	Unterdrückung von anderen Genen
F1 Generation	erste Generation einer bestimmten Kreuzung
Genom	Erbgut eines Lebewesens
Genotyp	Gesamtheit der Gene eines Lebewesens
haploid	einfacher Chromosomensatz
heterozygot	mischerbig bezogen auf ein bestimmtes Merkmal
homolog	gleich
homozygot	reinerbig bezogen auf ein bestimmtes Merkmal
Hypostatisches Gen	Das Gen wird unterdrückt
LCM	Lymphozytäre Choriomeningitis; Zoonose
letal	tödlich
Locus	Ort des Gens auf einem Chromosom
Meiose	Bildung von Keimzellen
Mitose	Bildung von Körperzellen

Mutation	irreversible Veränderung von Erbgut
Pandahamster	Black-Hamster mit Zeichnungsgen Banded
Parentalgeneration	Elterngeneration
Phänotyp	sichtbare Merkmale eines Lebewesens
polygenetisch	gekoppelte Vererbung von Genen
rezessives Allel	Allel wird unterdrückt
Selffarbe	keine Agoutimerkmale
semi-letal	Lebewesen lebt nicht lange
Teddy	Hamster mit langen Haaren
Ticking	Bänderung des Haares bei Hamstern mit Agoutifärbung
Vibrissen	Tast-oder Schnurrhaare
Vielzeller	Lebewesen bestehend aus mehreren Zellen
Zelle	kleinste Einheit des Lebens
Zentromer	verbindet 2 Chromatiden in der Mitte
Zoonose	Krankheit ist von Tier auf den Menschen übertragbar

12. <u>Abkürzungen</u>

Abkürzung	Bedeutung
Ba	Zeichnungsgen Banded
BE	black eyed/schwarze Augen
Ds	Zeichnungsgen Dominant Spot
Hetero	heterozygot
Homo	homozygot
Lh	Longhair/Langhaar= Teddyhamster
RE	red eyed/rote Augen
Sh	Shorthair/Kurzhaar
Teddy	Langhaarhamster
tts	Tortoiseshell/Schildpatt

13. <u>Literaturverzeichnis</u>

13.1. <u>Literatur</u>

Titel: Vererbtes Design / Zucht, Genetik, Gesundheit und Farben der Katze

ISBN-10: 3-8334-6766-5 /ISBN-13: 978-3-8334-6766-0

Titel: Hamster lopaedia / A Complete Guide to Hamster Care

ISBN: 978-1-86054-246-6

13.2. <u>World wide web</u>

http://www.diebrain.de

https://de.wikipedia.org

http://hamstergenetik.jimdo.com

http://www.ngfn.de

http://www.spektrum.de/lexikon/biologie/chromosomen/13958

http://www.biologie-schule.de/

http://www.zoologie.uni-halle.de/allgemeine_zoologie/hamster/mesocricetus_auratus/

https://www.rennmaus.de/goldhamster

http://www.hamsterinfo.de/

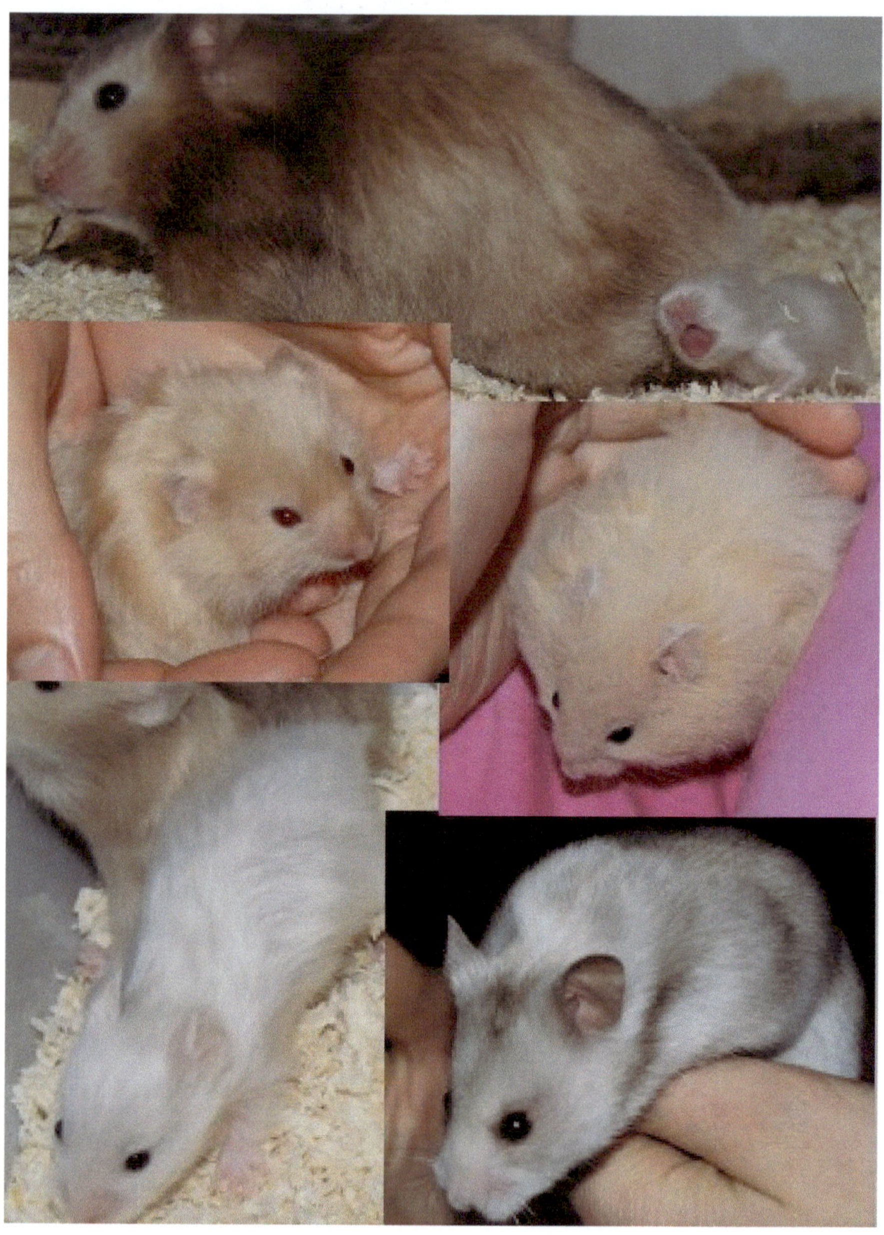